广西乐业－凤山世界地质公园
景观格局演变及生态风险评价研究

邓飞虎◎著

企业管理出版社
ENTERPRISE MANAGEMENT PUBLISHING HOUSE

图书在版编目（CIP）数据

广西乐业—凤山世界地质公园景观格局演变及生态风险评价研究 / 邓飞虎著 . — 北京：企业管理出版社，2021.12

ISBN 978-7-5164-2510-7

Ⅰ . ①广… Ⅱ . ①邓… Ⅲ . ①地质－国家公园－景观设计－广西②地质－国家公园－环境生态评价－广西 Ⅳ . ① TU986.5 ② X821.267

中国版本图书馆 CIP 数据核字 (2021) 第 222992 号

书　　名：	广西乐业—凤山世界地质公园景观格局演变及生态风险评价研究
书　　号：	ISBN 978-7-5164-2510-7
作　　者：	邓飞虎
策　　划：	杨慧芳
责任编辑：	杨慧芳
出版发行：	企业管理出版社有限公司
经　　销：	新华书店
地　　址：	北京市海淀区紫竹院南路 17 号　　　　邮　　编：100048
网　　址：	http://www.emph.cn　　　　电子信箱：314819720@qq.com
电　　话：	编辑部（010）68420309　　发行部（010）68701816
印　　刷：	北京虎彩文化传播有限公司
版　　次：	2022 年 5 月第 1 版
印　　次：	2022 年 5 月第 1 次印刷
开　　本：	710mm×1000mm　　16 开本
印　　张：	12 印张
字　　数：	196 千字
定　　价：	78.00 元

前　言

　　乐业—凤山世界地质公园是广西生态环境保护最为重要的地区之一，是中国西南民族岩溶地区典型的高峰林地貌代表，地质景观的美学价值、旅游价值、岩溶地质科学价值及岩溶地质研究水平，在国际上享有盛名。研究和分析乐业—凤山世界地质公园的景观格局演变规律和生态环境问题，对促进地质公园和地质景观保护，实现区域可持续发展具有重要意义。

　　本书利用遥感和地理信息系统理论，通过景观格局指数和生态风险评价模型对研究区进行分析评价，取得了以下 5 方面的成果。

　　（1）以遥感影像为数据源，在对研究区遥感影像光谱特征、纹理特征进行分析的基础上，确定了研究区信息获取的最佳波段组合，引入了归一化植被指数、改进归一化差异水体指数、归一化建筑指数、土壤亮度指数和地形信息，并将其作为遥感影像分类的特征向量参与到遥感影像分类中，然后基于实地采样进行 SVM 分类，对研究区 3 期遥感影像进行土地利用覆被信息提取，最后采用 Kappa 系数对分类结果进行评价，精度评价表明该分类方法具有较高的精度，各年份的分类结果总体精度在 0.8 以上。

　　（2）选取 Shannon 多样性指数（SHDI）、Shannon 均匀度指数（SHEI）、景观连通度指数（CONNECT）、内聚力指数（COHESION）、景观蔓延度（CONTAG）、斑块聚合度指数（AI）、斑块形状指数（LSI）、分维数（FRAC）等景观格局指数，从景观整体的多样性、连通性、形状复杂性和聚散性 4 个角度，对地质公园景观整体水平格局变化进行分析，发现优势景观支配态势未发生改变，建设用地和其他人为因素影响得到科学管控，景观整体均衡性和连通性得到保障，较好地维持了地质公园的原生性和完整性。在景观类型尺度上，河流水面、水库水面和水域的景观指数变化较为活跃，2010—2020年在地质公园科学规划和保护下，林地、水域、草地等破碎化程度降低，农用地、建制镇和村庄用地、水工建筑等在经济社会发展的推动下，斑块数量和密度增加，对地质公园整体景观破碎化存在一定程度的影响。

（3）基于2010、2015、2020年的3期遥感影像数据，选取景观破碎度指数、分离度指数、优势度指数、脆弱度指数，构建地质公园生态风险评价模型。对研究区整体区域设定0.6km×0.6km的正方形网格进行空间网格化采样，共采集2799个单元作为生态风险评价空间插值分析的样本。基于生态风险指数的数据特点，运用自然间断点分级法（Jenks）进行分类间隔，把生态风险指数（ERI）分为5个等级：低生态风险（ERI ≤ 0.8610），较低生态风险（0.8610 ＜ ERI ≤ 1.018），中生态风险（1.018 ＜ ERI ≤ 1.2520），较高生态风险（1.2520 ＜ ERI ≤ 1.644），高生态风险（ERI ＞ 1.644）。

研究结果发现：2020年较2010年生态风险指数评价值总体呈现上升态势。10年间，生态风险指数的最小值先上升后下降，最大值呈上升趋势。2010—2020年研究区景观生态风险结构以低风险和较低风险区域为主，两个风险等级面积占总面积比例的64% ～ 66%。

地质公园的生态风险由高等级向低等级转变，生态风险区域较为稳定。高和较高等级的生态风险区分布主要集中在研究区的中部和西北部，低、较低生态风险区主要研究区北部、南部等区域。数据显示，高风险区域的人为干扰在逐渐增强，主要体现在建设用地和农用地的需求增加，对生态环境的影响作用增强，提升了整体生态风险指数的上限值。

（4）利用人工筛选的方法，以平均农用地、平均林地、平均建设用地、平均水域 / 水体、平均其他用地作为特征参数。同时，选取网格化采样点作为训练样本，构建 SVM 模型对评价模型的评价结果进行判断和预测精度。结果显示，整体精确度达到 97.78%，说明构建的评价模型具有较高的精确度，具备良好的泛化能力。

（5）基于生态风险评价结果，应用到旅游规划当中，提出"两核两轴，八景多区"的旅游规划总体布局，并对各个分区进行功能定位和规划设计；提出对生态环境、地质遗迹景观和生物多样性的保护措施，为今后地质公园旅游规划开发提供科学有效的理论指导和技术方法应用实证案例。

目　　录

第1章 绪 论

1.1 课题来源

研究课题源于乐业—凤山世界地质公园管理委员会委托项目"中国乐业—凤山世界地质公园总体规划（修编）-专项研究报告"。在此基础上，为了提高信息化管理和生态风险防控，引导地质公园的国土资源科学开发和利用，促进地方社会经济和旅游产业良性发展，实现地质公园可持续发展，特形成本次研究课题。

1.2 选题依据及研究意义

1.2.1 地质公园是地质遗迹和生态环境保护的重要载体

随着社会经济的发展，人类生产生活的印迹及自然灾害的发生，都不可避免地对地球自然资源和生态环境造成一定的破坏。地质公园以其独特的地质环境、相对独立的生态系统以及丰富的生物资源，成为特定区域范围内生态环境保护和地质遗迹保护的重要载体。世界地质公园以一定规模和分布范围的地质遗迹景观为主体，并融合其他自然景观与人文景观，是地质遗迹景观和生态环境的重点保护区，也是地质研究与科普的基地（赵汀，赵逊，2009）。而且，地质公园是国际上公认的可持续发展旅游形式（Xiao H，2007；Farrell B，

2005；Donohoe H M，2006）。作为一种资源保护和开发利用方式，建设开发世界地质公园，对促进地方经济发展、解决地方社区居民就业和生态环境保护等方面具有重要的作用。

1.2.2　地质公园是开展地质旅游和科普研究的重要窗口

地质公园内丰富的地质遗迹资源，可以开展有效、可持续的开发利用，能够为一个国家、地区的科学、教育和旅游业发展发挥重要的作用。在地质遗迹和生态环境得到保护的基础上，地质公园开展地质旅游、研学旅游等活动。旅游者在领略大自然鬼斧神工的过程中，能够加深对地质地貌演化科普知识的认知。相关部门倡导公众对地质遗迹的保护行动，促进人与自然和谐发展。地质公园成为开展地质旅游和科普研究的重要平台。

1.2.3　地质公园景观格局演变和生态风险评价的重要意义

地质景观是国土资源中重要的资源之一，合理地开发利用是地质公园资源管护的有效途径。人类活动轨迹和社会经济的发展进程，对景观格局产生了重大的影响，景观格局的演变往往能够反映人类干扰的程度，同时也反映了该区域景观格局和自然环境演替之间的相互作用。在景观格局演变分析的基础上进行生态风险评价，对分析地质公园生态环境的现状和发展趋势，促进地质公园的可持续发展具有重要意义，分析景观格局演变的自然与人文驱动因素有利于地质公园与各类各级自然资源协调发展，有利于发挥其最大效能和价值，以实现最优的资源分配。

1.2.4 乐业—凤山世界地质公园开发与保护的重要保障

乐业—凤山世界地质公园是广西生态环境保护和治理最为重要的地区之一，是中国西南岩溶地区高峰林地貌景观的典型代表，具有极高的科研价值。随着该区域社会经济和旅游业的发展，尤其在申请获批世界地质公园后，研究该区域的景观格局演变和生态风险评价，是实现保护脆弱的岩溶地貌生态环境，促进地质公园景观格局的良性发展、实现人与自然和谐共处的重要环节。

1.3 研究进展综述

1.3.1 地质景观评价研究进展

国外学者普遍重视通过定量化的方法对地质景观开展综合性评价，建立一套地质遗迹保护分类方案和标准，将地质遗迹按照保护、用途和重要性级别类型进行划分（Khain G，1977；Hoffman P F，1991，McMenamin M A S，1990；Bhatia，A K，1991；Boo E，1991）。Katherine N T（2003）曾经评估英国达特穆尔国家公园的地质景观，重点研究旅游者获取知识的过程、态度变化和行为转变等关键指标对地质景观评价的影响。Charalampos Fassoulas（2012）以地质、地理区位、科学文化、美学和社会经济价值等为评价指标，构建了对"自然环境中的地质特性"的定量评价体系。Jose Brilhan（2015）则开发了一套评价程序，选取开展科学教育、旅游价值和生态环境退化风险等若干个评价标准对地质景观进行界定。他还提出了地质景观评价要考虑地质历史、科普教育、旅游价值和地质风险等重要评价标准。

国内该领域研究起步较晚，在研究内容上表现出多学科融合的趋势，定性和定量研究方法兼顾。对地质公园和地质景观的评价，主要通过构建评价指标体系设定系列要素因子，如保护和开发利用条件、地质景观资源的效益等，并分层分类风险等级，从决策协调、管理等多个层次对地质景观保护利用进行定性评价（魏源，李艳红，2003；郝俊卿，2004；申燕萍，2005），评价方法主要有 AHP 法、德尔菲法、数理模型等。如唐勇等（2008）引入敏感度概念，对光雾山国家地质景观的敏感度指数进行计算并分级评价。肖景义（2011）在总结归纳前人的研究基础上，以贵德国家地质公园为研究对象，尝试使用菲什拜因－罗森伯格模型（改进版），对其进行地质景观评价。查方勇等（2015）采用定性与定量相结合的方法对南宫山地质景观进行综合性评价。邓亚东等（2018）则利用特尔菲法和 AHP 法，对盐津乡地质景观进行定量评价。随着地质公园建设和地质旅游的开发，各种技术得到广泛的应用，通过学科交叉融合，强调通过遥感数据和 GIS 技术对资源景观的景观属性、空间属性进行采集和分析，研究地质景观资源的生态脆弱性、敏感性及驱动力因素，再根据实际提出相应措施。

1.3.2 景观格局研究进展

1.RS 和 GIS 在景观格局研究中的应用

（1）确定景观结构组成和空间格局

景观格局的演变分析，是反映景观要素的构成、特征和空间格局演变的科学依据；其中，景观格局指数是应用最为广泛和有效的景观信息数据（Schneider D C，2001；邬建国，2007）。目前国内外学者对景观格局分析方法和技术应用，主要利用 RS 和 GIS（如遥感影像、地形地貌、植被、土壤类型等进行数据收集和处理），建立数据库（CIark K C，Hoppen S，Gaydos L J，1997）；Antrop M（2004）提出要利用 RS 和 GIS 收集详细的景观状况数据和变化监测，利用数据分析研究对象的总体地理环境和所有相关动态信息来进行规划设计和决策。Moquan Sha（2010）借助 GIS 技术对美国凤凰城城市扩展过程中，城市、农用地、荒漠和游憩用地 4 个地类、3 个景观格局指数的测度指标进行动态评价，分析 1919 年到 2000 年景观格局时空变化和趋势，提出未来规划建设的建议。Ode A 等（2010）借助多源遥感数据，利用 VisuLands 框架分析瑞典东南部景观变化及其对视觉尺度的影响，提出了不同数据的优缺点，以及现有指标在景观变化监测中的适应性和敏感性。Park S 等（2014）利用高精度的 RS 和 GIS 数据库，对美国亚利桑那州的凤凰城和土耳其的伊兹密尔两个大都市景观的区域生态系统格局和景观连通性进行分析研究。

可以看出，国外在该领域的研究聚焦在大都市的景观格局变化及其对周边区域的影响分析。

（2）景观结构分析和空间配置的方法

随着 GIS 与 RS 在景观生态学方面的应用，并结合模型的构建，极大地推动了景观格局研究宽度和深度。常用的方法有景观格局指数法、动态模型模拟等方法（软件工具采用 SPANS、FRAGSTAS、LSPA 等），对区域整体景观进行空间分析，对比分析研究对象在不同时期景观之间的结构变化情况和动态变化趋势，并在此基础上分析引起动态变化的影响因素。

李月辉（2006）利用 TM 影像对大兴安岭森林景观格局变化进行研究，分析不同景观类型的变化情况。于兴修等（2003）以浙江省西菩溪为研究对象，利用 1985—2000 年的遥感数据及水文资料，对研究区流域的景观格局变化、水环境效应、景观生态效益等进行分析，提出了治理措施。Sushant Paudel 等

（2012）借助 GIS 建模，采用空间指数、斑块分析和地类空间模型对 1975 年、1986 年、1998 年和 2006 年的景观指数进行计算和分析，对城市区域和周边区域景观格局变化进行动态分析，预测城市发展对周边区域的森林和农业用地影响。黄先明、赵源（2015）利用 Arc GIS 和 Fragstats，以金河口地区为研究对象，选取多样性、蔓延度、分离度、破碎度和分维数 5 个指标，对其景观格局演变进行研究分析。陈芝聪、谢小平等（2016）在 1987、2002、2014 年 3 个时期的遥感影像的基础上，通过格网化模型、景观格局指数等方法，对南四湖湿地不同时期景观格局特征进行对比分析，并揭示其动态变化的趋势。祖拜代·木依布拉等（2019）基于遥感影像分析了克里雅河中游 1995 年、2005 年和 2015 年 3 期的景观格局变化情况，对干旱河流区域进行土地利用 / 覆被与景观格局的时空变化特征分析。

由此可见，RS、GIS 等技术和相关方法在景观格局研究中发挥了重要的作用，也为该领域研究提供了丰富的经验。

2. 景观格局计算模型研究

运用数理模型对景观格局的时空演变分析，能科学地反映区域景观格局构成、演变过程、变化特征情况及变化发展趋势，也是景观格局研究中重要的内容。在此基础上，国内外专家进一步把相关技术和方法应用到城市、水体流域、湿地、农业景观等领域，拓展了研究和应用领域。

Katsue Fukamachi 等（2001）对 1970—1995 年间的景观多样性指数与海拔、道路、森林比例等相关因子进行相关分析，研究区域景观格局的变化。刘明等（2008）运用灰色关联法，分析研究景观格局变化驱动因子、景观指数变化情况。在此基础上，刘昕等（2009）利用移动窗口法研究中国东北地区的景观格局变化特征。曹迎等（2009）以内江城市景观为研究对象，使用元胞自动机（CA）

分析其景观格局动态演变情况。荣子容等（2012）使用 Logistic 分析方法，分析湿地景观特征变化情况、驱动力因素。潘竟虎等（2013）以黄土丘陵沟壑区为研究对象，使用 RUSLE-SMA 技术分析其景观格局变化特征。程刚等（2013）分别运用分形理论、构建 CA-Markov 模型，对河流流域景观、土地利用景观进行动态分析与预测。蒋超亮等（2018）、张晓瑞等（2019）运用主成分分析法、回归分析法，分别对沙漠地质景观和城市景观的景观格局演变进行分析研究，探讨了景观变化的驱动力和影响因素。

1.3.3　景观格局演变与生态效应的研究进展

景观格局演变对区域生态的结构和功能具有重要的影响作用。同时，这种格局、过程、尺度和等级变化对维持生物多样性、国土资源开发利用、生态环境保护、可持续发展等起着决定性的作用。国内外学者拓展了景观格局研究领域的研究范围、研究方法，研究对象聚焦在地质公园、江河流域、湿地、森林植被、农田景观和城市等，并逐步形成与非遗、动植物多样性、生态环境保护、可持续发展等相关领域和学科融合的研究成果。

Zarin D J 等（2001）借助 TM 图像对 1976 年和 1991 年亚马孙河河口附近的河漫滩 5 种主要覆盖类型的景观格局变化和转化情况分析，研究人类活动对自然景观生物多样性的影响。Olsen L M 等（2007）利用 1974 年、1983 年、1991 年和 1999 年的遥感数据，对美国佐治亚州 FortBenning 地区的 5 种植被类型和土地覆被情况分析，通过 7～8 个景观格局指数进行监测和生态指标识别，反映过去和现状土地利用对景观影响的情况，并提出建立有效的环境监测体系。Matsushita B 等（2006）利用高精度的 GIS 数据库，研究日本 Kasumigaura 流域 1979—1996 年间的景观格局结构变化特征，并对流域内的景观格局和破碎化变化趋势进行分析和评价，揭示人口增长和人类活动对景观格局的干扰影响。

　　国内学者何东进（2004）构建景观生态评价指标体系，分析武夷山风景名胜区的景观格局动态演变情况，并对其生态环境进行了科学的评价。徐济德（2005）通过分析西藏东南部林芝地区景观格局变化情况，揭示其变化的主要影响因素是人类干预活动，并对西藏高寒生态环境下的景观生态研究和森林资源保护开发提出建议。刘勇等（2008）利用 GIS 和景观指数，并构建景观格局优化指标体系，对研究区的景观生态效应进行评价。张绪良等（2009）结合 RS 和 GIS 数据和技术，对湿地景观格局变化及其环境累积效应进行分析和评价。赵霏等（2013）以河流流域景观 1989—2008 年的 LandsatTM 数据为基础，分析景观格局变化的生态效应。郭少壮（2018）以秦岭地区 1980 —2015 年土地利用数据和景观格局指数为基础，分析景观格局时空变化和生态环境影响情况。

1.3.4　景观格局影响因素研究进展

　　景观格局影响因素分析和研究是解释区域景观格局变化和演变的必要过程和有效方法。一个区域景观格局动态变化的成因、驱动机制、发展趋势是该领域研究的主要内容。引起景观格局动态变化的影响因素和驱动原因有很多，常见的有自然和人文因素，包括气候、土壤、地形、经济、人口、政策、人为干扰等诸多因素，而且这些影响因素和驱动原因都是相互制约相互联系的。Olsen L M（2007）提出在景观生态学中，对景观格局与干扰因素之间关系的研究还比较少，为此他提出一个概念框架分析引起景观异质性变化的原因。Bouchard 和 Domon（1997）利用 GIS 技术对加拿大蒙特利尔区域进行景观格局驱动因素分析，表明自然因素是引起该区域景观格局演变的主要原因。Ellis（2009）

基于遥感影像对中国太湖近 60 年的景观格局变化进行研究，指出影响太湖景观格局演变的主导原因是自然因素，其中生态环境为主要的驱动因素。Hietel 等（2005）基于 Landsat 影像对 1945—1999 年的德国拉恩高原进行驱动因素研究，发现社会经济发展是影响景观格局的重要驱动因子。

国内学者孙永萍等（2007）借助 GSI 技术，通过分析景观格局指数变化，分析了青秀山风景区各类景观空间动态变化特征，并定量分析了景观格局演变的驱动力。何桐等（2009）对鸭绿江口湿地 1989 和 2000 年 2 期的卫星影像解译和分析，用马尔科夫模型对湿地景观格局的动态演变进行模拟，并预测演变趋势。孙才志、闫晓露（2014）利用 GIS-Logistic 耦合模型对辽河平原进行驱动因素分析，从自然因素中的气候、高程，人文因素中的人口、社会经济水平、科技手段构建指标，得出在中小尺度下，人文因素对辽河平原的景观格局变化影响更大的结论。阙晨曦等（2017）运用 RS 和 GIS 技术，解译福州国家森林公园 4 个时期的遥感影像，定量分析国家森林公园景观格局变化情况和影响因素。卢晓宁等（2018）基于遥感影像分析发现，人为的河流路改道和清水沟路对湿地景观格局影响明显。胡昕利等（2019）从长江中游地区独特的地理环境、社会经济因素、国家发展政策 3 个方面介绍引起土地利用时空变化格局的原因，得出近几年国家生态工程和保护政策的实施对景观格局影响程度越来越大。刘盼盼等（2020）在研究毕节市撒拉溪示范区过程中，对其 2005、2010、2015 年的 ETM 和 OLI 的遥感影像解译，采用景观指数分析方法，分析该区域喀斯特石漠化治理区景观格局演变情况以及驱动因素。杨钦等（2020）利用遥感数据，运用 GIS 空间分析和主成分分析法，分析了乌裕尔河流域区域景观格局时空变化及其驱动力，指出景观格局的变化是自然气候和社会经济发展共同作用的结果。

可以看出，国内外专家学者对景观格局影响因素和驱动原因的研究方向和侧重点略有差异，国外研究成果更多的是强调人为活动对景观格局的影响，倾向于自然条件下的人为活动和影响因素分析；国内学者则更侧重于揭示在社会经济发展的必然下人为干扰对景观格局的影响。由于国外该领域的研究起步较早，理论体系相对完善。从研究视角和规律来分析，国内外学者基本遵循从自然因素为主导发展成为受自然、人文因素共同影响的现状。近年来，景观格局研究成果颇丰，影响因子和驱动因素分类更为细致、更为复杂。将国内外对驱动因素的影响研究综合起来，可以为分析景观格局演变提供新的角度且具有现实指导意义。

1.3.5 景观生态风险研究进展

生态风险（EcologicalRisk-ER）是生态系统及其组成部分在自然或人类活动的干扰下所承受的风险（阳文锐等，2007）。由于生态风险对于区域国土资源开发和生态环境建设保护的重要指示作用，生态风险评价成为生态环境管理的一项重要途径和依据。由于地质景观的整体结构的改变和动态过程时期漫长，但组成景观的空间组分在受到干扰时可以不同速度和强度发生变化，这就使得生态风险评价，可以通过景观这一慢速改变量衡量风险受体范围和危害状况等生态风险评价的关键要素（巫丽芸，2004）。

景观生态风险评价归属于区域生态风险评价的范畴，常用方法是以生态风险小区、生态风险栅格化处理作为评价单元（陈鹏，潘晓玲，2003）。但由于研究区域、研究目的差异，评价单元通常由研究者进行人为划分，最为常见的是依据行政区域和行政边界划分，依据自然地理环境所形成的地理单元，也是常见的一种划分方式。所以，景观生态风险评价非常重视空间尺度，空间尺度的选取，会直接影响特定区域的景观生态风险评价结果的科学性和精确度。随着"3S"技术逐渐向纵深发展，各学科不断交叉融合，也对景观尺度选择，评价单元的计算和选取提供了强有力的技术方法和工具。Ni 等（2003）利用人工神经网络方法对研究对象的生态风险进行评估。Faber J H 等（2011）为了提高风险评估的精度，把生态系统服务价值的理念和方法引到对土壤生态风险的评估研究当中。国内学者陈鹏等（2003）依托自然地理边界将三工河流域划分为3 个区域，把风险指数、景观损失指数作为生态风险评价指标，对其生态风险空间结构和空间分布进行分析评价。谢花林（2008）采用脆弱度指数、干扰度指数构建生态风险评价模型，利用半方差分析方法和空间自相关方法，对35km 范围的景观单元进行划分，分析内蒙古翁牛特旗生态风险空间格局与变化特征。王娟等（2008）在云南澜沧江流域 3 期遥感影像的基础上，采用景观敏感度指数、景观干扰指数作为评价指标，划定 30km×30km 的单元格（共205 个采样区），并分析其景观风险变化情况。胡和兵等（2011）以南京市九乡河流域 2 期遥感影像为数据源，利用 GIS 的空间分析方法，以土地利用所属分类为基本采样单元，分析城市化过程当中生态风险时空变化特征及相互关系。李昭阳等（2011）将吉林省煤矿区划分为 1km×1km 的单元网格，运用景观生态风险评价法，对其进行生态风险评价。张莹等（2012）在遥感数据的基础上，以 10m 为间距逐级递增，选定景观格局指数变化显著的 30m、50m、80m、100m 的 4 个栅格尺寸作为空间尺度，研究和分析自然保护区景观生态风险时空变化特征。石浩朋等（2013）以 3 期遥感数据为基础，将研究区划分为3km×3km 的网格单元，采集 220 个样本单元，并构建评价模型评价城区生态风险时空变化情况。

1.3.6 目前存在的问题

综上所述，对地质公园、地质遗迹景观、生态风险评价等方面的研究进展进行梳理，国内外学者对地质遗迹景观资源分类与评价、景观格局时空变化和生态风险评价等方面取得了较多的成果，但仍存在如下不足。

（1）国内外学者对区域景观格局演变及其生态评价进行了大量的研究，但研究对象主要聚焦在城市、湿地、森林、河流区域、农用地等方面，而对岩溶地貌地质公园的相应研究较少；从时间跨度上看，缺少从一个整体连续的跨度开展相关研究；从现实情况来看，目前，我国大多数地质公园（世界地质公园和国家地质公园）开发建设已有较长的时间，在经济社会发展和旅游开发的影响下，当部分地质公园景观资源与环境已经遭受一定的破损。一方面需要建立一套评价体系，另一方面也要将研究成果推广至西南民族地区地质公园开发和保护工作当中，确保地质公园的可持续发展。然而，这方面的研究开展相对较少，加强该领域的研究十分必要。

（2）国内外专家学者对景观格局变化和生态风险评价，往往以行政区为研究单元，通过构建评价指标体系对区域的景观格局和生态风险进行定量分析。但传统的研究方法和采样范围，容易忽略景观生态的整体性、相关性和连续性，从而使该领域的相关研究存在一定的局限性、片面性。而且，对评价方法的检验和应用，缺少一种有效的方法和途径。因此，如何准确地分析地质公园景观格局的演变，并基于该基础进行生态风险评价是值得研究的重点和难点。

（3）地质公园景观格局演变和生态风险评价，涉及地理学、景观生态学、地理信息系统等众多学科，但目前有关研究多以地质学、地理学和旅游地学为学科理论指导。如何实现多学科深度的交叉融合，有效推广地理信息技术工具和示范应用，也是值得研究和探讨的工作。

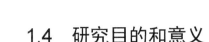

1.4　研究目的和意义

1.4.1　研究目的

对广西乐业—凤山世界地质公园地质遗迹景观资源和生态风险情况进行研究，目的是系统归纳和总结乐业—凤山世界地质公园地质遗迹资源的景观资源特征、分类分级以及空间分布情况；构建地质公园景观资源评价体系、景观格局评价和生态风险评价体系，对地质公园生态风险状况进行动态监测，为建立地质公园景观格局和生态风险评价数据库、优化地质公园国土资源配置和开发利用提供数据与信息支撑；探讨基于生态风险评价的基础上，以规划开发广西乐业—凤山世界地质公园为例，提出地质公园可持续发展措施和具体实践应用。通过广西乐业—凤山世界地质公园规划建设，有效发挥国土资源效能和生态示范效应，加快广西旅游发展，提高广西国际旅游知名度，带动我国西南民族地区岩溶地貌地质旅游的发展。

1.4.2　研究意义

广西是中国西南民族地区岩溶石漠化和岩溶地貌旅游特色化发展的典型地区。本课题研究，是为了深入贯彻落实党中央、国务院关于全面加强生态环境保护的决策部署，增强地方生态文明建设和生态环境保护工作，促进地方相关制度体系的加快形成；通过课题研究，针对乐业—凤山世界地质公园地质景观资源、国土资源空间开发利用和生态保护的现状及存在的问题，基于景观生态学、旅游地理学和可持续发展等相关理论，结合"3S"技术、计量地理学、地统计学等方法，构建地质公园景观格局分析和生态风险评价体系，为岩溶地区的国土资源规划利用、地质景观资源旅游开发、生态环境保护等提供了科学依据，对于我国西南民族地区社会经济建设和生态环境保护具有重要的意义。

1.5 研究内容和技术路线

本文以广西乐业—凤山世界地质公园为研究对象，通过对遥感影像数据、地形地貌图、土地利用现状图、水文植被和社会统计资料等多源数据收集和分析，研究地质公园区域景观格局演变、国土资源现状和景观特征等演变规律，在此基础上对地质公园的生态风险现状进行分析评价。主要研究内容如下。

1.地质公园景观格局变化和生态风险评价研究

基于景观生态学背景，分析地质公园生态系统的概念、组成和演变过程、旅游保护开发驱动下的景观格局演变、生态系统的风险特征，研究从地质公园旅游开发和生态风险评价的角度出发，总结和归纳地质景观、景观格局、生态风险评价等相关概念和含义，剖析地质景观演变、生态风险评价与地方社会经济发展和旅游规划之间的相互关系。

2.地质公园景观遥感信息提取技术和应用研究

研究以 2010 年、2015 年、2020 年 3 期高分卫星数据为基础，辅以地质公园 2018 年地形图、2016 年地籍调查数据，结合地形地貌、土壤植被、水文情况等信息，构建地质景观信息数据库，为分析地质景观格局的演变和生态风险评价提供数据支撑。

3. 地质景观资源分类及分析

通过分析结对地质公园岩溶地貌的特点、地表地下景观特征、土地利用的情况和实地勘察资料，全面梳理和分析地质景观资源的类型、特征和空间结构；构建景观资源评价体系，划分景观资源等级，为景观资源评价和生态旅游开发奠定基础。

4. 地质景观格局演化机制及分析

研究选取景观格局指数，从景观整体水平、景观类型水平和斑块水平3方面，对研究区地质景观格局演化特点、变化趋势等进行分析。并结合对趋势发展、经济发展和生态保护3种情景下的地质景观空间格局特征进行评价。

5. 地质公园景观生态风险评价

研究以景观干扰度指数、脆弱度和破碎度指数为基础，构建地质公园生态风险评价模型。本文通过空间分析方法，对研究区3期景观生态风险指数进行计算。最后利用Natural breaks（自然断点法）将地质公园景观生态风险指数（ERI）划分为5个等级，并对地质公园区域生态风险等级的空间集聚和分异情况进行分析评价。

6. 地质公园旅游规划开发与可持续发展对策

本文从旅游地质学、生态环境保护、运营管理和旅游规划要开发等角度，结合生态风险评价结果，提出研究区的旅游规划开发、生态环境保护和可持续发展的方案和措施。

具体研究技术路线如图1-1所示。

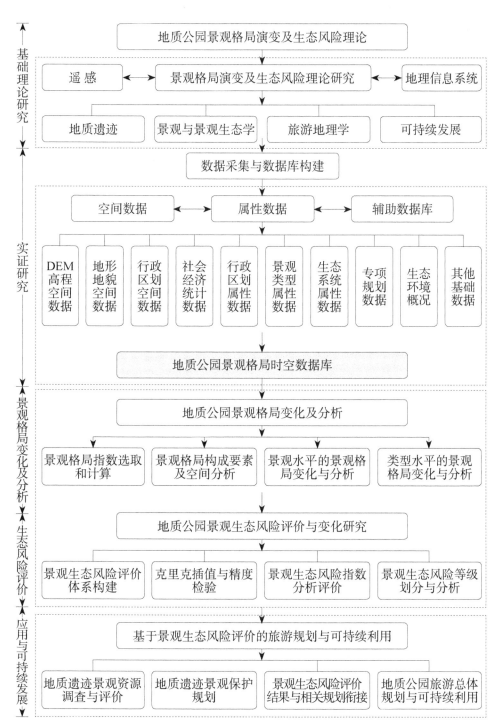

图 1-1 研究技术路线图

1.6 完成的主要工作量及研究成果

1.6.1 主要工作量

研究期间，笔者先后多次开展实地调查及数据信息收集工作，归纳整理了地质公园大量的地质勘查资料和前人的研究成果，并进行了系统的整理、分析和综合研究工作。完成的具体工作量见表 1-1。

表 1-1 工作量一览表

序号	工作内容	工作量	目的
1	资料收集	收集整理地质公园遥感数据、地质图、土地利用现状图、景观资源分布图、地质遗迹保护规划图等，共计50张，处理后导入ArcGIS和Fragstats平台，共耗费100机时	为数据库建立和景观格局分析、生态风险评价提供数据基础
2	数据建库	处理遥感数据和图像信息共计3期（跨度10年）69个景观地类，130个地质遗迹点63个景观格局指数计算分析，共耗费200机时	为数据库建立和景观格局分析、生态风险评价提供数据基础
3	野外调查	实地勘察，对地质公园地质构造、地质遗迹景观、生态环境现状进行观察、描述、拍照和踩点，野外工作时间共计60天	实地了解地质公园现状、地质遗迹景观类型和特征、生态环境保护情况、旅游发展现状等，并采集相关图片和信息
4	景观格局指数分析	对地质公园3期63个景观格局指数选取和计算，共耗费100机时	对地质公园10年期间景观格局演变和分析提供数据基础
5	生态风险分析	对地质公园8397个网格单元构建和采集样本，对参数调试、计算、结果输出，共耗费200机时	为地质公园生态风险等级评价提供数据基础
6	R语言编程	利用R语言进行KNN和随机森林机器学习模块编写代码110行	实现对地质公园生态风险评价的机器学习预测
7	应用研究	基于生态风险评价结果所有数据进行旅游规划应用，对地质遗迹保护分区分级、总体规划布局等进行规划衔接和差异化数据统计，处理总数据1.0 GB，共100机时	基于生态风险评价结果的应用，为地质公园可持续发展和旅游规划提供依据

1.6.2 主要研究成果

研究共取得的成果和认识主要包括以下 4 点。

1. 多学科交叉融合的理论探讨与技术应用

采用多学科交叉、融合的方法，利用遥感和 GIS 技术，根据地质公园地质地理环境、社会经济情况等因素，构建区域地质公园景观格局和生态风险评价的原理和方法，用定性和定量相结合的方法科学描述不同地质公园从 2010—2020 年景观格局的演变过程和生态风险状况。

2. 基于景观格局指数的生态风险评价

选取地质公园景观格局分析结构中的景观破碎度指数、分离度指数、优势度指数、脆弱度指数，构建地质公园生态风险评价模型；同时，运用遥感数据和 GIS 空间分析技术设定 $0.6km \times 0.6km$ 的正方形网格对地质公园范围内进行空间网格化采样；基于地质公园 3 期景观生态风险的分析，利用最优参数结合克里格插值方法对研究区景观生态风险进行空间插值，得出生态风险等级指数并对地质公园的生态风险时空演变进行分析。这样避免了传统方法人为设定评价指标权重的主观性及经验风险最小化的建模技术，提高了生态风险等级评价的客观性和合理性。

3. 基于 SVM 的生态风险等级评价模型的训练和检验

根据地质公园生态风险等级评价因子标准及数据的栅格化，利用人工筛选的方法，以平均农用地、平均林地、平均建设用地、平均水域/水体、平均其他用地作为特征参数；同时，选取 2279 个网格化采样点作为训练样本，对比分析评价模型的分类判断和预测精度。结合显示，整体精确度达到 97.78%，说明构建的评价模型具有较高的精确度，具备良好的泛化能力。

4. 基于生态风险评价的旅游规划应用

将生态风险评价模型和评价结果应用带入旅游规划当中，有效解决了传统旅游景观资源保护、旅游规划空间布局、旅游项目和重点旅游服务设施选址等规划问题的空间信息数据支撑不足的难点，能有效地避开高危生态风险区和地质遗迹景观核心区，为今后地质公园旅游规划开发提供科学有效的理论指导和技术方法应用实证案例。

1.7 主要创新点

1. 基于 GIS 和景观格局的生态风险评价

运用 GIS 技术对地质公园进行空间网格化采样，基于景观风险指数、景观干扰度指数和景观结构指数构建研究区的生态风险评价模型；利用最佳参数结合克里格插值方法对研究区 3 期景观生态风险进行空间插值和生态风险指数计算；最后通过 ArcGIS 10.0 的 Natural breaks（自然断点法）将地质公园景观生态风险指数（ERI）划分为 5 个等级，并对地质公园区域生态风险等级的空间集聚和分异情况进行分析。

2. 基于 SVM 的生态风险等级评价模型

运用 SVM 方法对地质公园生态风险评价等级标准进行分类判断和精度预测，进一步验证评价模型的精确度和泛化能力。

3. 基于生态风险评价结果的旅游规划开发

构建地质遗迹景观评价体系，形成地质遗迹景观旅游开发规划依据和基础。

然后基于研究区生态风险评价结果,与地质遗迹景观分级保护的空间分布研究区多项规划的有效衔接,实现对原有的旅游规划方案修编、完善,并针对研究区的特点,提出地质公园旅游规划方案。

第 2 章　研究区概况和地质景观资源评价

2.1　地理区位概况

乐业—凤山世界地质公园，地处广西西北部，区域范围跨越百色市乐业县与河池市凤山县。其中，乐业县涵盖：花坪乡、雅长乡、同乐镇和新化乡等区域；凤山县涵盖凤城镇、三门海镇、平乐乡、江洲乡等区域。地质公园规划总面积 90548.76 公顷（905.4876 平方公里），其中乐业县 387km^2，占 42.72%；凤山县 519km^2，占 57.28%。区域地理坐标为 E106°17′47.23″～107°6′0.64″，N24°18′55.73″～24°52′36.87″。高程范围 400m～1657m，其中乐业园区 415m～1657m，凤山园区 400m～1285m。

2.2　自然地理概况

2.2.1　地质构造

乐业—凤山世界地质公园西北部地质构造表现为地壳持续间歇抬升，形成系列褶皱、断裂，褶皱典型代表——"S"构造。它是广西甚至我国范围内最为典型的"S"型构造。大石围区域"S"型构造转弯位置，节理裂隙及其发育，是形成著名天坑群的地理构造条件重要因素之一；断裂主要为乐业—甘田—浪平弧形断裂，地表及卫星影像图上表现为明显的沟谷，断裂东（南）侧地块下降，性质为正断层，是大石围地区高峰丛岩溶地貌形成的重要因素之一（图2-1）。

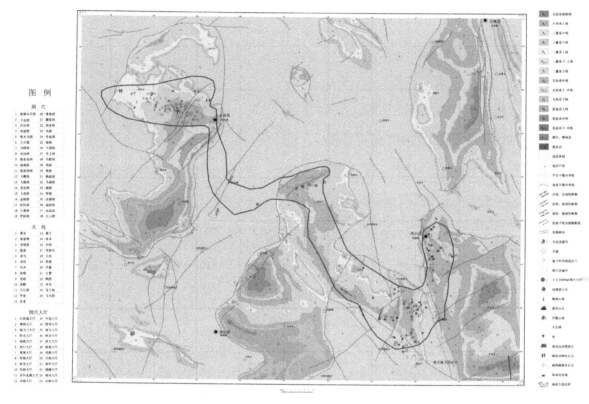

图 2-1　乐业—凤山世界地质公园地质示意图

2.2.2　地形地貌特征

研究区地处云贵高原延伸至广西盆地区域倾斜过渡的斜坡地带，受到晚三叠世印支运动的影响，逐渐抬升为陆地；然后，又历经中生代燕山运动和新生代喜马拉雅运动的影响，在漫长地质历史时期中受到不同形式、不同规模的风化、崩塌、溶蚀和搬运等综合作用，形成构造 - 溶蚀型的高峰丛深洼地岩溶地貌；地质公园中的岩溶负地貌，景观表征以漏斗状、圆桶状和竖井状等形态，形成景观形态丰富的岩溶组合地貌。同时，研究区范围内拥有巨厚的坚硬碳酸盐岩、全流域化的地下河系统、动力强劲的水文地质作用、水热同期的亚热带气候，为岩溶发育提供了极为有利的条件，从而在地质公园内形成大量的天坑、洞穴、天窗、竖井、洞穴大厅、超大洞穴廊道、天生桥、岩溶泉和丰富多彩的洞穴次生化学沉积物。研究区是中国西南民族地区高峰丛深洼地型岩溶地貌的典型代表。

2.2.3　气候特征

研究区属于中亚热带季风气候区，常年雨量充沛，干湿两季分明。雨季在 5 ～ 10 月份，年均雨量 1550.7m ～ 1356.4mm，年均雨日 165 ～ 185d，年均连续雨日 130 ～ 144d；年均气温 16.4℃～ 19.2℃，最热月（7 月）平均气温 23.4℃～ 26.2℃，最冷月（1 月）平均气温 7.5℃～ 10.4℃，气温年较差 13℃～ 18.7℃；平均年蒸发量为 1105mm ～ 1232.6mm，年均日照 1372.6h ～ 1446h，日照率 31.6% ～ 33%，年均无霜期 302 ～ 320d，年均相对湿度 79% ～ 83%；多年各月平均风速在 1.1m/s ～ 1.8m/s 之间，最大风速达 5m/s ～ 9m/s，全年平均风速为 1.9m/s。

2.2.4　水文特征

1. 地表水系

研究区水系属于珠江流域的西江红水河水系，特点是地下河和伏流众多。

流域面积较大的地表河流有红水河、布柳河、南盘江、乔音河、盘阳河、坡心河等。其中，研究区内最大流域的红水河境内长 51km，宽约 150m，河流比降 0.61‰；南盘江为乐业与贵州册亨县的界河，在雅长乡与贵州来的北盘江汇合成红水河，境内长 23km，宽约 120m；布柳河，穿越于乐业县的非岩溶区与岩溶区之间，全长 132km，年径流量 $1.37 \times 10^9 m^3$；乔音河则纵贯凤山县境，时露时隐，明流和伏流长各约 30km，流域天然落差 103m，最大流量 $360.52 m^3/s$，最小流量 $0.24 m^3/s$，平均流量 $8.70 m^3/s$，天然年总径流量 $2.77 \times 10^8 m^3$，河宽 16m ～ 30m。（比降，指任意两端点间的高程差与两点间的水平距离之比。河流的比降分为床面比降和水面比降。床面比降，用以表示河床纵断面地形的变化；水面比降即河流中任意两端点间的瞬时水面高程差与其相应水平距离之比，用以表明河流全程或分段的水面坡度，故又称水力坡度，通常说的河流比降就是河流水面比降。）

2. 地下河系

研究区岩溶发育，吸收大气降水能力强，地下水赋存、运移于溶蚀裂隙和溶洞中，形成众多大小规模不一、纵横交错的地下河。地下河系十分发达，这里主要有三大地下河系，分别是百郎、坡心和坡月地下河系，其中：

（1）百郎地下河系，源于 S 型构造南部的甘田镇达浪村（海拔 1050m），由南向北贯穿乐业县境，于乐业县百朗屯以南约 3.5km 流出地表成明流并注入红水河中，由主流（64.2km）和 11 条支流组成，总长大于 159km，枯水期平均流量 $2.83 m^3/s$，最小流量 $1.91 m^3/s$，最大流量 $121 m^3/s$，流域面积 $835.5 km^2$，其中岩溶面积 $597 km^2$，占 71.5%；

（2）坡心地下河系，源于凤山县金牙乡，流经大洞、弄满，至坡心三门海流出地表成明流并注入乔音河中，总长 39.5km，为园区内更大地下河系坡月地下河系的主要支流之一，最大流量 181.5m³/s，最枯流量 2.25m³/s，流域面积 760.80km²，其中岩溶区面积 422.51km²，占 55.3%；

（3）坡月地下河系，有两处源头：东支源为凤山县北部的乔音河，西支源为凤山县三门海坡心地下河出口，出口位于园区外部的巴马县坡月村北东，枯水期平均流量 5796.8lm³/s，流域面积 1484.55km²。

2.2.5 土壤特征

受成土母岩、地带因素、人类活动等控制和影响，乐业—凤山世界地质公园主要有红壤、黄壤、褐红壤、石灰土、冲积土、水稻土等共 6 个土类，13 个亚类，31 个土属，68 个土种。土壤空间分布呈现出较为明显的垂直分布规律：海拔 800m 以上区域的山体以石灰土为主；海拔 600～800m 低山区以石灰土、红壤、黄壤等为主；海拔 600m 以下灰岩洼地或谷地区，以石灰土、冲积土、水稻土等为主。

2.2.6 动植物资源

由于研究区独特的岩溶地貌和丰富的地下河水热条件，发育并保存了较为完好的天然林或原始天然生态系统。园区内植物有中亚热带常绿—落叶植物林、南亚热带常绿植物林及河谷北热带季雨林并存的现象。植物包含 214 科 1118 属 3014 种。以热带分布型为主，占非世界属的 64.06%，其次，为温带分布型，占 27.84%。植物区系中蕨类植物十分丰富，特别有许多起源古老的蕨类植物如松叶蕨、阴地蕨、莲座蕨、鸟巢蕨、短肠蕨等。裸子植物有 8

科 15 属 27 种，其中重要种类包括细叶云南松、短叶黄杉、黄杉、南方铁杉、五针松、福建柏、红豆杉、罗汉松、油杉、香木莲等。被子植物包括热带季雨林种类如木棉、各种榕树等；亚热带常绿林成分有木兰科、樟科、壳斗科、冬青科、山竹子科的常绿树种；温带植被成分有胡桃科、桦木科、鹅耳枥科、槭树科、落叶栎类等。

研究区内动物资源丰富、种类繁多。据统计，目前已探知的野生动物计有 5 纲、28 目、61 科、267 种，其中国家一级保护动物有 4 种，即巨松鼠、黄腹角雉、蟒、鼋；国家二级保护动物有 37 种，如猕猴、穿山甲、虎斑蛙等；国家三级保护动物有 18 种。

2.3 地质景观资源

研究区内的天坑（群）、大型地下河系统、天生桥、洞穴、天窗、竖井、岩溶谷地、高峰丛等是最典型的地质遗迹，特殊的地形地貌、地质遗迹为生物的生存、繁衍提供了生境。天坑（群）、洞穴、岩溶谷地、高峰丛等是本次调查的重要地质遗迹对象，广泛分布在整个地质公园。岩溶谷地以布柳河岩溶峡谷最具代表性，布柳河岩溶峡谷以磨里—巴满段发育最好。岩溶洞穴是岩溶地区最显著的地貌特征，地质公园内洞穴数量众多，类型多样，如图 2-2 所示。

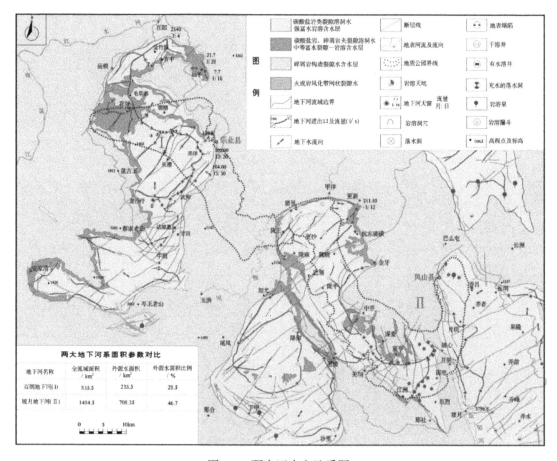

图 2-2　研究区水文地质图

图片来源：中国地质科学院岩溶地质所。

2.4　人口与社会经济概况

2.4.1　人口与民族

根据 2020 年统计数据，公园所在区域总人口 39.86 万，其中乐业县 17.81 万人，凤山县 22.05 万人。研究区民族众多，包括了壮、汉、瑶、苗、布依等

11 个民族；其中，壮族（占 50% 以上）、汉族（占 30% 以上）。地质公园园区内总居民人口约 10.73 万人，其中乐业县约 4.89 万人，凤山县约 5.84 万人。

2.4.2 交通基础设施

研究区对内对外交通条件较为便利，交通设施建设既能满足当地社会经济的发展需求，也能合理地避开相关保护区域。其中，外部交通有南百高速公路、水南高速公路、宜柳高速和桂海高速公路、黔桂铁路、南昆铁路和百（色）乐（业）、凤（山）巴（马）二级公路、金宜一级公路等；内部交通以乡、村公路为主，基本覆盖研究区全境。目前研究区各级公路总里程数达 1638.1km，人均公路里程数为 4.76m。

2.4.3 乐业—凤山世界地质公园发展历程

乐业—凤山世界地质公园由乐业县（百色市）和凤山县（河池市）两部分组成。早在 1973 年，相关专家就开始对乐业大石围天坑进行初步调查。为了保护好乐业独特的天坑景观，合理开发利用地质遗迹资源，地质公园管理委员会在 2000 年、2001 年前后委托中国地质科学院岩溶地质所、中国科学院、中国地质学会洞穴研究会、美国洞穴基金会和英国牛津大学洞穴联合会的专家和学者，组成科考队对地质公园进行了整体、系统的考察。2001 年，凤山县人民政府邀请广西区地质调查研究院完成《凤山县岩溶地质公园调查报告》，初步制定了相关地质遗迹的保护规定，设置了地质遗迹保护牌等。

2004 年 1 月，获得原国土资源部批准，"广西乐业大石围天坑群国家地质公园"成立。2004 年 2 月，广西百色乐业大石围天坑群获得"国家地质公园"

资格。2005 年 9 月，"广西凤山国家地质公园"获批范围涵盖了地质公园洞穴博物馆、三门海天窗群景区、江洲仙人桥旅游景区、鸳鸯泉旅游景区等区域。2010 年 10 月 3 日，乐业大石围天坑群地质公园与凤山地质公园成功入选，成为广西第一个获得世界地质公园的旅游景区。

在很长的一段时期里，由于特殊地理环境条件，地质公园处于自发保护的状况。这个过程当中，本地居民结合自身的发展和需求，如对生存环境、耕作环境、水源等方面的因素，对当地地质景观、生态环境等自发地采取各种形式的保护，并在少数民族地区代代相传，形成自发的保护意识，也使地质公园内众多珍稀、典型的地质遗迹、地质环境以及生态环境得到了较好的保护。

目前，相关部门通过世界地质公园申报建设等举措，加大了对地质遗迹和生态环境的保护力度，使研究区地质遗迹的保护工作更加科学合理。

2.5　地质景观资源分类

地质景观（landscape）是景观生态学研究的重要对象。广义的景观概念包含宏观范围内的国土资源以及国土空间各类构成的地理单元，强调空间异质性。狭义景观聚焦在中微观范围内的资源景物，由不同类型生态系统所组成的异质性地理单元（Forman，Godron，1986）。从国土资源角度来分析，景观还应包括在特定范围内国土资源的开发利用过程中所形成的不同类型的地表土地类型，它们和传统的景观资源一起构成了丰富多彩的景观要素。研究景观的概念和内涵，对于分析岩溶地区的地质公园地表景观和地下景观，确定地质景观构成和特征，提供多尺度的空间分析理论支持，有助于学科交叉多途径研究。

2.5.1 分类标准

地质遗迹是指在地球漫长的历史时期里，经过地球各种内部和外部的地质作用所形成的，具有重要的科学价值和极高美学价值的地质自然遗产。

关于地质遗迹景观资源的分类方法，国内外众多学者都进行了积极的研究和探讨，但目前尚未形成统一的分类标准。从地质旅游的角度来分析，国内众多专家学者对旅游资源的分类，都把地质旅游资源作为自然旅游资源进行划分和评价（保继刚，楚义芳，1999）。李京森等（1999）以旅游价值为基础，以地质特点为依据对中国的地质旅游资源进行了分类，成为我国开展地质旅游资源专题研究的开端。原国土资源部在2000年开始对国家地质公园进行总体部署和规范化管理，对地质遗迹景观资源的调查和分类形成了不同的方案，见表2-1。

表2-1　我国地质遗迹景观分类标准

序号	年份	文件和规范标准	颁布机构	主要内容和评价
1	1992	《中国旅游资源普查分类》	原国家旅游局资源开发司和中国科学院地理研究所	把地质旅游资源划定为自然旅游资源，并根据依据旅游资源属性和特点进行分类评价
2	2000	《地质公园申报工作指南》	原国土资源部	引用《地质遗迹保护管理规定》（1995），定义了7大类地质遗迹景观，但未细分到类、亚类
3	2002	《中国国家地质公园建设技术要求和工作指南（试行）》	原国土资源部	将地质遗迹景观划分为7个大类、40个小类。是国内第一个体系较完整、遗迹景观的外延。为后来各种以形态、成因作为划分依据的分类方案奠定了基础

（续表）

序号	年份	文件和规范标准	颁布机构	主要内容和评价
4	2010	《国家地质公园规划编制技术要求》	原国土资源部	将地质遗迹景观划分为7个大类、25个类、56个亚类，基本涵盖了所有地质遗迹景观类别，是迄今为止在地质遗迹和地质公园研究中应用最为广泛的方案
5	2017	《地质遗迹调查规范》	原国土资源部	将地质遗迹分为3个大类、13个类、46个亚类，对以往的分类标准和分类方案进行综合参考，是目前最为详细和全面的分类标准

2.5.2 研究区地质景观综合分类

在实际研究和调研当中，由于部分地质公园特定的地理区位和环境，地质景观往往和周边生态环境、社会经济场所形成一个密不可分的又相互关联和相互影响的综合性景观，乐业—凤山世界地质公园就是具有代表性的案例。一方面，独特的岩溶地貌，地下景观丰富多彩，地表景观与自然融为一体，通过遥感分析和现场勘查的资料显示，地面景观大部分与国土资源的表征和类型一致，都呈现出典型的国土资源属性。另一方面，研究区位于西南民族岩溶地貌区，由于地质地貌的特殊性，适用于建设和耕种的国土资源相对匮乏，在长期的社会经济发展过程中，地质景观与原住民的生活场所、丰富的民族民俗文化融合一体，形成了本地居民和本地生态环境协同发展的现状。

本研究结合《土地利用动态遥感监测规程》（TD/T1055-2019）、林业行业标准《自然保护区土地覆被类型划分》（LY/T1725-2008）、《土地利用现状分类》（GB/T21010-2017）、《地质遗迹调查规范》（DZ/T0303-2017），综合地质遗迹分类、地表土地覆被类型和土地利用现状分类，结合研究区内的地质遗迹景观成因、状态、功能作用、地表土地覆被现状和地表土地利用现状，对目前已勘察的138个地质遗迹点进行归纳分类，将研究区的地质遗迹分为2大类（Ⅰ：基础地质、地貌景观）、4类（Ⅱ）、7亚类（Ⅲ）；涉及土地利用类型为耕地、园地、林地、建设用地、水域/水体等地类。研究区地质遗迹类型详见表2-2。

表2-2　研究区地质遗迹类型

大类 （Ⅰ）	类 （Ⅱ）	亚类 （Ⅲ）	典型地质遗迹	数量	地表土地覆被景观类型
基础地质大类地质遗迹	构造剖面	断裂	大石围天坑断层、大坨天坑断层	2	林地、草地
		不整合面	大石围平行不整合遗址、蒋家坳平行不整合遗址	2	林地、草地
	重要化石产地	古动物化石产地	大石围天坑蜓类化石遗址、蒋家坳腕足类和蜓类化石遗址、里朗洞新近纪剖面、马蜂洞新近纪剖面、水井坳叶状藻化石遗址、熊猫化石洞	6	林地、草地
地貌景观大类地质遗迹	岩土体地貌	碳酸盐岩地貌（岩溶地貌）	"乐业县城"峰林、"松仁"峰林、"凤山太平"峰林	3	建设用地、园地、草地
			"大石围—甲蒙"峰丛、"火卖"峰丛、"良利—仁安"峰丛、"弄坪—烟棚"峰丛、"孟里"峰丛、"松仁"峰丛	6	建设用地、峰丛连接处部分为园地、草地，耕地
			布柳河岩溶峡谷	1	水域/水体
			"花坪"边缘坡立谷、"同乐"边缘坡立谷、"下岗"边缘坡立谷	3	部分为园地、草地
			"大东泥"坡立谷、"凤城"坡立谷、"良湾河"坡立谷、"六为"坡立谷、"谋爱"坡立谷、"牛坪"坡立谷、"平旺"坡立谷、"坡心"坡立谷、"中亭"坡立谷	9	部分为村庄和道路等建设用地、耕地、园地、草地

（续表）

大类 （Ⅰ）	类 （Ⅱ）	亚类 （Ⅲ）	典型地质遗迹	数量	地表土地覆被景观类型
地貌景观大类地质遗迹	岩土体地貌	碳酸盐岩地貌（岩溶地貌）	象形山石	老鼠峰、雷劈岩、美人山、人面峰、阴阳山	5	林地、草地
			天窗	白竹洞天窗、穿洞天窗、大洞天窗、蜂子㟖Ⅰ天窗、蜂子㟖Ⅱ天窗、蜂子㟖Ⅲ天窗、红米洞天窗、三门海Ⅰ天窗、三门海Ⅱ天窗、三门海Ⅲ天窗、三门海Ⅳ天窗、三门海Ⅴ天窗	12	水域/水体、林地、草地
			天坑	白洞天坑、半洞天坑、茶洞天坑、穿洞天坑、大曹天坑、大石围天坑、大坨天坑、邓家坨天坑、吊井天坑、蜂岩天坑、盖曹天坑、黄猄天坑、甲蒙天坑、拉洞天坑、蓝家湾天坑、老屋基天坑、里朗天坑、弄乐天坑、龙坨天坑、罗家天坑、马王洞天坑、内里天坑、社更天坑、神木天坑、苏家天坑、香岜天坑、燕子天坑	27	林地、草地、风景名胜设施用地
			洞穴	藏龙洞、穿龙洞、出水洞、大曹洞、大山洞、大石围洞、大洋洞、东泥洞、飞虎洞、飞猫洞、飞鹰洞、蜂子㟖洞、干团洞、黑洞、河坪洞、黄连洞、江洲洞、金银洞、拉赖洞、老虎洞、亮洞、凉风洞、里朗洞、陇安洞、弄狮洞、绿河洞、罗妹洞、马蜂洞、麻拐洞、冒气洞、马王洞、迷魂洞、坡仙洞、深洞、水晶宫、水帘洞、西西里洞、四方洞、消水洞、熊家东洞、熊家西洞、鸳鸯洞、玉龙洞、云峰洞、中洞、红军岩	46	林地、草地

（续表）

大类 （Ⅰ）	类 （Ⅱ）	亚类 （Ⅲ）		典型地质遗迹	数量	地表土地覆 被景观类型
地貌景观大类地质遗迹	岩土体地貌	碳酸盐岩地貌（岩溶地貌）	穿洞	飞龙穿洞、社更穿洞	2	林地、草地
			天生桥	布柳河天生桥、江洲天生桥、麻拐洞天生桥、马王洞天生桥、孟里天生桥	5	水域／水体、林地、草地
			碳酸盐岩遗迹	大石围天坑C2h灰岩、大石围天坑C2m灰岩、大坨P1q灰岩、黄猄天坑P1m灰岩	4	林地、草地
		碎屑岩地貌		乐业莲花山丹霞山体	1	林地、园地、草地
	水体地貌	河流		百朗地下河、冷泉地下河、坡月地下河	3	水域/水体、暗河地表为林地
		泉		鸳鸯泉	1	水域/水体
	总计				138	

从表 2-2 可以看出，研究区地质遗迹资源类型众多，各类典型实体中（138 处），地貌景观大类最多（128 处，占 92.75%）。其中，碳酸盐地貌地质遗迹 124 处，占地质遗迹总数之 89.86%。同时，从图 2-3、图 2-4 的分析看出，地质遗迹景观在地表所呈现的景观类型，是以林地、草地、水域／水体为主。其中，林地和草地占了研究区土地利用类型的 85% 以上，形成了地下丰富独特的景观特色、地表类型丰富多样景观现状，成为中国西南民族岩溶地区典型的地质景观经典代表。

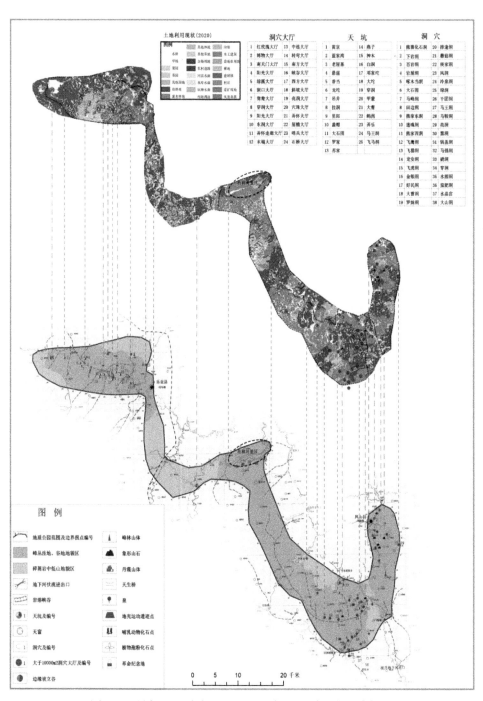

图 2-3　研究区地质遗迹景观和地表土地利用类型分析图

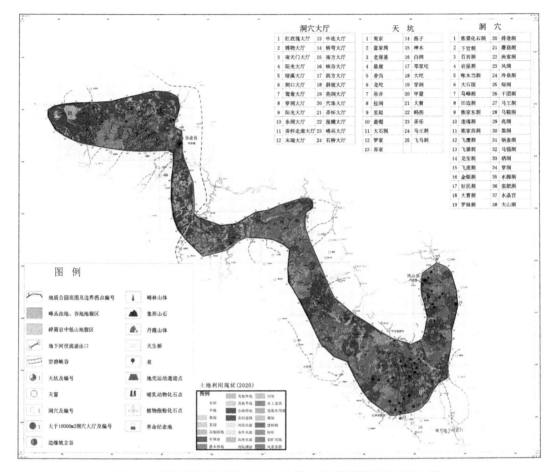

图 2-4　研究区地质遗迹景点与整体土地利用类型景观叠加图

2.6　主要地质景观

研究区内地质景观以岩土体地貌碳酸盐岩地貌（岩溶地貌）和构造地层剖面为主。其中，岩土体地貌分为地表碳酸盐岩地貌（岩溶地貌）和地下碳酸盐岩地貌（岩溶地貌），典型的地质景观主要有：峰丛、岩溶谷地和坡立谷、天坑、天窗、岩溶泉、穿洞、天生桥和象形地貌。

2.6.1 地层剖面遗迹景观

地层剖面是研究区内的沉积或成生环境，岩性或岩相界线，岩石特征、构造状况以及生成时间，是研究地质体（地层、岩体和构造）时空特征的重要遗迹。乐业—凤山世界地质公园存在多处典型二叠系地层剖面，由马平组、栖霞组、茅口组、合山组地层组成。其中，马平组石灰岩岩层是该区域地质遗迹的主要成景岩层之一，区域内出露广泛，典型出露点位于该区大石围天坑周边，形成于3亿年的潮下低能沉积环境，是大石围天坑形成的物质基础之一。地层剖面的景观独特和极具科普性，对研究该区古环境变迁具有重要的意义。

2.6.2 地质构造遗迹景观

1. 地壳运动遗迹

地壳运动遗址主要位于蒋家坳，出露合山组底部的铁铝质岩，明显不同于下伏茅口组的砂屑生物屑灰岩岩性，两者呈平行不整合接触，是东吴（地壳）运动引起地壳短暂出露接受风化剥蚀而成。该运动发生于距今2.5亿年时期，具有重要科学价值和实际意义。研究区中众多的多层结构洞穴，如罗妹洞的上下层结构，分布于大石围天坑坑壁的四层洞穴等，是古近纪以来该区地壳间歇性抬升的证据之一，对研究地质公园的环境变迁、地质遗迹形成等具有重要的研究意义。

2. 断层构造遗迹

研究区内延长数百公里的大型断层较为常见，张性、压性和扭性断裂均有。同时，由于断层发生错动或崩塌后，形成的三角形陡崖（断层三角面），是断层活动的标志之一，常见于地质公园内各天坑坑壁和山盆分界处，如大石围、大坨天坑坑壁，乐业坡立谷边等。

3. 褶皱构造遗迹

研究区内褶皱极为发育，它们对园区地下河系及岩溶发育方向等有明显控制作用，如乐业 S 型构造形迹，就是由一系列背斜轴相互交错连接而成，百郎地下河系基本沿其发育，其他还有大石围天坑周边的宽缓背斜形迹、乐业平寨河武称背斜轴部出露点等。

4. 构造裂隙遗迹

研究区的各类构造裂隙极为发育，密布于岩石裸露区，其中纵张性裂隙尤为发育，它们是岩溶发育的先决条件之一，典型的裂隙发育区有大石围、大坨、黄猄、大曹等天坑周边的岩石裸露区。

2.6.3 地表碳酸盐岩地貌景观（岩溶地貌）

1. 天坑

天坑是研究区内最有代表性的地质遗迹景观资源之一，发育在碳酸盐可溶性岩层中，由地下通向地面，坑面宽度、深度可达 100m 至数百米以上，底部与地下河相连接的一种特大型岩溶负地形。地表形态表现为岩壁陡峭，呈深陷的井状、漏斗状等形态特征。其中，大石围天坑群，东西长 22km，南北宽 5km，面积约 100km²，是世界最大天坑群。大石围天坑是天坑群的核心，规模最大，最大深度 613m（居世界第二），坑口东西长 600m，南北宽 420m，容积 6710 万 m³，口部面积 16.6 万 m²，底部准原始森林面积 10.5 万 m²，居世界第一（图 2-5）。

图 2-5　大石围天坑

2. 高峰丛深洼地组合

高峰丛深洼地地貌结构是由纯碳酸盐岩的正地形峰丛和负地形洼地构成,石峰地表有共同的基座,顶部呈簇峰状,坡度较大,高程多在 800m ～ 1000m以上;洼(谷)地被峰丛包围,呈封闭负地形,多数呈漏斗状,石峰与洼地高差 150m ～ 500m,形成高峰丛深洼地的典型地貌形态组合(图 2-6)。主要分布的大石围天坑区、花坪、龙坪、大曹等地,是我国乃至全球高峰丛深洼地质景观的典型代表。

图 2-6　高峰丛地貌

3. 岩溶谷地和坡立谷

研究区内的布柳河岩溶峡谷，峡谷河段长度达 15km，流域落差达 26.8m，水力坡降 1.8‰，平水期河面宽 20m ～ 30m，水深 1m ～ 20m。峡谷发育在石炭系和下二叠统中厚层灰岩中，在巴满屯附近复流入砂页岩区。同时，边缘坡立谷因为受河流的影响，往往在可溶岩旁侧形成大型谷地，形成景观独特的负向岩溶地貌形态，分布在连片峰丛集中区，也成为本地居民进行土地开垦、农作物耕作，甚至村庄聚集、生活与生产建设的场所（图 2-7）。

图 2-7 凤山县成坡立谷地貌

4. 天窗

天窗是岩溶地下河、溶洞顶部通向地表地面的透光部分（图 3-7），大部分由地下河顶板发生局部坍塌后，上下贯通地表而成。研究区内景观最具代表性的是三门海天窗群，海拔高程达 460m，其中有 4 个天窗分布在地下河出口段的 690m 水程范围内，直径达 80m ～ 100m，高度达 50m ～ 120m，地下河水面面积 72000m²，天窗与洞相连，洞与地下河一体，堪称世界级天窗（图 2-8）。

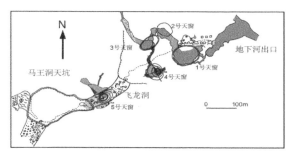

图 2-8 三门海天窗群

5. 天生桥

天生桥成因是地下河与溶洞的顶部崩塌后，横跨沟谷、河流的残留部分与地面连接，形成了中间悬空呈桥梁的形态。研究区范围内的天生桥主要以布柳河天生桥、江洲天生桥等为代表。其中，布柳河天生桥，桥长达 220m，海拔

165m，桥面宽 19.3m，厚度达 78m，拱高 87m，桥孔跨度达到 177m。天生桥下地形由于受堆积和侵蚀作用，呈现西高东低的形态。桥拱顶的西南部一侧分布众多石钟乳，造型各异（图 2-9）。

图 2-9　布柳河天生桥

2.6.4　地下碳酸盐岩地貌（岩溶地貌）

1. 大型地下河

研究区内岩溶地貌的地下河水系以百朗地下河和坡月地下河为代表，两大地下河以庞大复杂的通道系统为特征，在地下河的源头，均有外源水连通和对接。其中，百朗地下河总长 162km，坡月地下河总长 81.5km。两大地下河在岩溶和非岩溶混合地貌接触带附近，以伏流（落水洞）的形式流入地下河中。在混合接触带区域，地下水埋藏深度约 50m。靠近地下河主流道区域，地下水埋深达 100m 甚至数百米。从地质景观角度分析，百朗地下河系统中上游段分布着天坑群发育群，坡月地下河西支流下游分布着天窗群地质景观，景观独特，具有极高的科考价值（图2-10）。

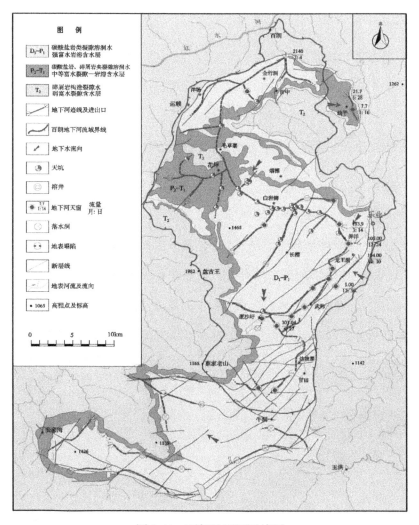

图2-10　百朗地下河系统图

2.岩溶洞穴

研究区的岩溶洞穴发育，地质结构形态丰富多样。洞穴多沿构造裂隙或岩层面发育，景观特色鲜明，多以钟乳石类沉积和大型厅堂为代表。其中，最为代表性的罗妹洞，拥有296个莲花盆，最大莲花盆的直径达9.2m，堪称世界之最。大曹天坑地下河溶洞的红玫瑰大厅、冒气洞中 365m 高的阳光大厅及冒气现象世所罕见。水晶宫非重力水沉积的卷曲石、石花面积达 8000m²，是中国最美洞穴之一。

3. 岩溶洞穴厅堂

根据初期勘探，研究区内岩溶洞底投影面积在 5000m² 以上的大洞穴厅堂近百个，仅分布在江州长廊洞穴系统的就有 25 个。整个研究区 10000m² 以上的大厅有 24 个，全球面积大于 25000m² 的大厅的三分之一分布在研究区之内。

4. 竖井

竖井成因是由于地下水位下降，渗流层厚度持续增加，在地面流水持续冲蚀的作用下，随着落水洞逐步往下发育。部分竖井由于高程洞穴的顶部塌陷，出露于地表并呈井状漏斗形态。研究区内竖井有百余个，有的洞口直径达到 10 余米，深度几十米到数百米，分布于地下河通道及其附近（图 2-11）。在已调查的 50 个竖井中，深度大都超过 100m，总深度大于 4000m。

图 2-11　风岩竖井

2.6.5　古生物遗迹景观

1.新近纪地层古生物剖面

研究区的新近纪地层古生物剖面位于大石围天坑东壁马蜂洞内，海拔1289m ～ 1372m、剖面长度33m、厚度14.1m，由细砾岩、含砾砂岩及泥岩组成。在这些岩层中含丰富植物孢粉化石，以被子植物花粉为主（42.3% ～ 66.7%），其次为蕨类孢子（16.7% ～ 34.6%）和裸子植物花粉（16.7% ～ 26.2%）。被子植物花粉中以桦科分子（14.3% ～ 40.6%）为主。剖面从马蜂洞与大石围天坑东绝壁接合处开始向上测制，0 ～ 35m均为钙华沉积物和崩塌岩块，36m ～ 68m为较连续的岩石露头，层理清晰，层层叠置，355∠10°（图2-12）。该剖面是广西境内海拔最高的新近纪剖面，对研究我国西南地区地壳上升、岩溶峰丛地貌发育史，具有重要意义。

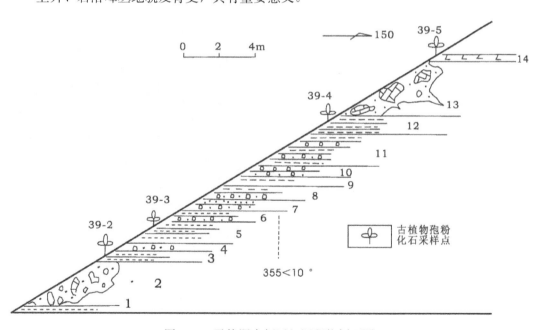

图 2-12　马蜂洞内新近纪沉积物剖面图

注：①棕黄色黏土层夹黑色有机质层，上部为砾石层（厚 0.5m）；②崩塌岩块（厚 2.5m）；③黄色泥岩，具清晰水平纹层，含植物孢粉化石（厚 0.8m）；④含砾砂岩（厚 0.5m）；⑤棕褐色薄层含砾砂岩与含锰泥岩和泥岩组成 7 个韵律层，含植物孢粉化石（厚 1.2m）；⑥下部细砾岩，上部泥岩和含锰泥岩、含植物孢粉化石（厚 0.6m）；⑦细砾岩与含砾砂岩交替出现组成韵律层（厚 0.7m）；⑧含砾砂岩与泥岩交替组成韵律层（厚 0.8m）；⑨含砾砂岩、砾岩与泥岩组成韵律层（厚 0.5m）；⑩褐黄色砾岩（厚 0.6m）；⑪下部砾岩，上部泥岩组成 6 个韵律层，水平纹层发育（厚 1.9m）；⑫棕褐色泥岩夹砾岩透镜体，泥岩中有较多生物潜穴孔洞，含植物孢粉化石（厚 1.0m）；⑬溶洞崩塌岩块堆积物（厚 3.0m）；⑭洞穴次生钙化沉积物（厚 0.5m）。

2. 洞穴孢粉化石遗迹

洞穴位于研究区乐业县境内里朗村北西 500m 峰丛中，海拔 1425m，洞口宽 16m、高 10m、深 40m。洞底次生钙华沉积物经采样分析，含丰富孢粉化石，蕨类孢子占孢粉组合的 65.6%，次为被子花粉占 29.8%，裸子植物类花粉占 4.6%。其组合特征与上述马蜂洞基本相同，时代属新近纪。

3. 大熊猫化石遗迹

位于研究区乐业县境内新场村南东 400m 山腰。化石年龄距今大约 200 万年前，经专家考古鉴定为大熊猫小种头骨化石，是迄今为止发现的最完整早期大熊猫化石。通对该遗迹环境和化石分析，证明该类大熊猫体型较小、脸部较长，形态接近于熊，早期已经开始形成素食的生活习惯（图 2-13）。

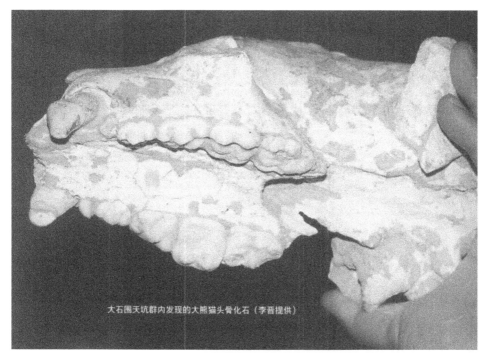

图 2-13　早期大熊猫头骨化石

2.7　地质遗迹景观评价

2.7.1　定性评价

1. 景观规模丰度高

研究区内地质景观类型丰富，自然状态保持完好，雄奇多姿，科学价值高，各单体景观的规模、丰度世界罕见。如地质公园区域内勘测核实的天坑共26个，是世界第一天坑群和天坑博物馆；大石围天坑坑底森林面积世界第一，综合旅游价值世界较高；岩溶洞穴景观和洞穴大厅体积居中国第一；倒置漏斗冒气洞天窗深达 365m，创造世界垂直悬空 260m 探险新纪录；还有世界规模最大的莲花盆王、世界跨度最大的布柳河天生桥等。乐业—凤山世界地质公园是世界塌陷型天坑的典型代表，遗迹类型多、分布密集、典型稀有、规模大、世界罕见，且地质遗迹基本未受人为破坏，保持了较完好的自然原始状态。该区域是研究天坑和溶洞群发育演化、研究喀斯特植物区系的理想地区，是开展多种基础科学研究的重要基地，科学价值较高。

2. 旅游美学价值大

研究区地质遗迹景观是典型的构造——溶蚀型的高峰丛深洼地岩溶地貌，正态景观以峰丛、峰林为代表，层峦叠嶂、气势磅礴；岩溶负态景观以洼地、盆地等为主，与后期演化出的溶丘洼地、峰丛洼地、峰林谷地、孤峰平原等综合一起，构筑成众多形态各异的岩溶组合地貌。同时，地质公园内大量的天坑、洞穴、天窗、天生桥等和丰富的洞穴次生化学沉积物，构成了洞、水、天三位一体的景色奇特优美的岩溶景观，使地质公园具有独特、震撼的视觉冲击和旅游美学价值，堪称世界级水平。

3. 科普旅游潜力大

研究区是中国西南地区喀斯特地貌奇峰异洞的典型代表，蕴藏着丰富的地质科普知识。目前已经建成的地质博物馆和地质公园景观景点，实现了喀斯特地貌与地质科学旅游相融合。同时，依托品类繁多的动植物资源，借助 VR、AR、3D 动画等现代化科技手段，能展示地质地貌、地学信息、自然生态、动植物等科学知识，增加游客尤其是青少年的兴趣，是重要教学实习基地和窗口。从科普旅游的角度分析，地质公园科普旅游开发前景广阔。

2.7.2 定量评价

1. 评价方法

层次分析法（AHP）是由美国运筹学家（Saaty）提出的一种多目标、多准则层次权重决策分析方法，能有效结合定量分析与定性分析，是解决资源分配的重要而有效的方法（许树柏，1988）。该方法通过多因素系统分析，构建相互关联的不同层次，确定各项权重后，由专家针对每一个层次的各项因素进行综合评判，按其重要程度分别赋予不同的权重值，建立数学模型进行评价。用 AHP 法对旅游资源指标进行权重设置，能优化评价过程的定性和定量分析的比例，提高评价结果的准确性（Chiclana F，Herrera F，Herrera Viedma E，1996），如图 2-14 所示。

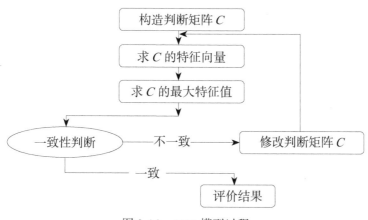

图 2-14 AHP 模型过程

2. 评价指标体系

构建评价指标体系是科学认识和评判地质遗迹景观资源价值、等级的重要步骤。在前期实地考察的基础上，参考国内多位学者有关地质遗迹资源定量评价的研究成果，主要应用景观价值、科普价值、旅游开发条件等作为评价因子。模型从上至下分为：评价总目标层（A 层）；评价项目层（B_i，$i=1$，2，…，n）；评价因子层（C_{ij}层，$i=1$，2，…，n；$j=1$，2，…，n）（见表 2-3）。

表 2-3　地质遗迹资源 AHP 项目层与因子层评价指标权重

总目标层	项目层	因子层
地质遗迹景观资源评价体系A	景观价值B_1	科学价值C_1
		美学价值C_2
		历史文化价值C_3
		经济社会价值C_4
		生态价值C_5
	科普价值B_2	典型性C_6
		稀缺性C_7
		完整性C_8
		奇特性C_9
	旅游开发条件B_3	旅游基础设施C_{10}
		旅游服务设施C_{11}
		依托城镇与从业人员C_{12}
		可进入性C_{13}
		景观规模C_{14}

3. 建立判断矩阵

根据层次结构模型，对同一层次中两两因子进行重要性比较，需要对它们的相对重要性之比做出判断，给予量化，因子之间相对重要性标度数值和描述见表 2-4。用 C_{ij} 表示因素 i 与 j 相对重要性之比，得到一个矩阵 $C=(C_{ij})\, n×n$，这个矩阵是决策者定性思维过程的定量化，代表建模者对这个决策问题的认识。

表2-4 因子相对重要性标度数值和描述

定义描述	绝对重要	极为重要	明显重要	稍微重要	同等重要	稍不重要	不重要	很不重要	绝不重要
标度数值	9	7	5	3	1	1/3	1/5	1/7	1/9

注：标度数值2，4，6，8，则为两相邻判断的中间值。

4.求最大特征值及特征向量

对于判断矩阵 C，求出矩阵最大特征根和特征向量，并对特征向量进行归一化处理，归一化处理后的特征向量的对应位置的数值即为对应因素的权重值。在此基础上，对矩阵进行一致性检验，用一致性指标 CI 进行衡量，CI 的计算公式为

$$CI = \frac{\lambda - n}{n - 1},\qquad\qquad(2\text{-}1)$$

当 CI 等于0的时候，表示具有完全一致性；CI 越接近0，表示一致性越好。为了衡量 CI 的大小，引入随机一致性指标 RI，并在检验矩阵一致性时，将 CI 和随机一致性指标 RI 进行比较，得出检验系数 CR

$$CR = \frac{CI}{RI}\qquad\qquad(2\text{-}2)$$

如果 $CR<0.1$，则认为该矩阵通过了一致性检验，否则就不满足一致性检验。

为了度量判断矩阵值的一致性，运用平均随机方法构造出500个样本矩阵，分别对 n=3-9阶各500个随机样本矩阵计算 CI 值而得到的平均值，对应 RI，见表2-5。

表2-5　AHP平均随机一致性指标 *RI* 值

矩阵阶数	1	2	3	4	5	6	7	8	9	10
RI	0	0	0.58	0.90	1.12	1.24	1.32	1.41	1.45	1.49

5.评价因子权重

通过 AHP 模型计算各判断矩阵的最大特征根 λmax 值，在各项目层下对各评价因子进行相对重要性判别，并计算各元素权重。不同层级各因子相对重要性判别矩阵见表 2-6~ 表 2-9。

表2-6　"评级项目层"B层各因子相对重要性判别矩阵

项目	景观价值	科普价值	旅游开发条件	权 重
景观价值	1.0000	1/3	2.0000	0.2385
科普价值	3.0000	1.0000	4.0000	0.6250
旅游开发条件	1/2	1/4	1.0000	0.1365

注：该矩阵最大特征根 $\lambda max=3.0183$，*CR*=0.0176＜0.1，具有一致性。

表2-7　"景观价值"下 C 层各因子相对重要性判别矩阵

项　目	科学价值	美学价值	历史文化价值	生态价值	社会经济价值	权重
科学价值	1.0000	3.0000	2.0000	2.0000	3.0000	0.3577
美学价值	1/3	1.0000	1.0000	1.0000	1.0000	0.1426
历史文化价值	1/2	1.0000	1.0000	1/3	1/2	0.1089
生态价值	1/2	1.0000	3.0000	1.0000	4.0000	0.2651
社会经济价值	1/3	1.0000	2.0000	1/4	1.0000	0.1257

注：该矩阵最大特征根 $\lambda max=5.3413$，*CR*=0.0762＜0.1，具有一致性。

表2-8 "科普价值"下C层各因子相对重要性判别矩阵

项 目	典型性	稀缺性	完整性	奇特性	权 重
典型性	1.0000	1.0000	2.0000	1.0000	0.2808
稀缺性	1.0000	1.0000	2.0000	2.0000	0.3397
完整性	0.5000	0.5000	1.0000	0.5000	0.1404
奇特性	1.0000	0.5000	2.0000	1.0000	0.2391

注：该矩阵最大特征根 λ max=4.0606，CR=0.6250 ＜ 0.1，具有一致性。

表2-9 "旅游开发条件"下C层各因子相对重要性判别矩阵

项 目	依托城镇与从业人员	旅游基础设施	旅游服务设施	可进入性	景观规模	权 重
依托城镇与从业人员	1.0000	1.0000	1.0000	1/3	1/5	0.1076
旅游基础设施	1.0000	1.0000	2.0000	1.0000	1/3	0.1710
旅游服务设施	1.0000	1/2	1.0000	1.0000	1.0000	0.1687
可进入性	3.0000	1.0000	1.0000	1.0000	1/2	0.1907
景观规模	5.0000	3.0000	1.0000	2.0000	1.0000	0.3620

注：该矩阵最大特征根 λ max=5.4221，CR=0.0942 ＜ 0.1，具有一致性。

　　首先，通过对各因子的权重测算，结合乐业—凤山世界地质公园景观资源特色，评价项目层科普价值（0.6250）＞景观价值（0.2385）＞旅游开发条件（0.1365），反映了科普价值性是评价地质公园景观特点的重要因素和依据，重点倾向稀缺性（0.3397）、典型性（0.2808）和奇特性（0.2391）等方面的地质景观资源特点的评价。其次，对景观价值的考虑也具有重要的代表性，主要反映在科学价值（0.3577）、生态价值（0.2651），体现了对地质遗迹景观在科学性和生态型评价的重要导，见表2-10。

表 2-10　各因子的权重测算结果

评价项目层（权重）	评价因子层（权重）
景观价值（0.2385）	科学价值（0.3577）
	美学价值（0.1426）
	历史文化价值（0.1089）
	生态价值（0.2651）
	社会经济价值（0.1257）
科普价值（0.6250）	典型性（0.2808）
	稀缺性（0.3397）
	完整性（0.1404）
	奇特性（0.2391）
旅游开发条件（0.1365）	依托城镇与从业人员（0.1076）
	旅游基础设施（0.171）
	旅游服务设施（0.1687）
	可进入性（0.1907）
	景观规模（0.362）

6. 评价结果

将研究区域的 138 个地质遗迹景观资源 AHP 评价结果综合见表 2-11，运用模糊数学模型计算，确定地质遗迹景观资源的级别。

$$A = \sum_{i=1}^{n} S_i \times W_i \qquad (2\text{-}3)$$

式中：S 是某项评价因子的模糊得分；W 是某项评价因子的权重，i 为第 i 项因素。A 为最终地质遗迹景观资源评价综合得分。综合测算满分 100 分，总体划分为 5 个等级。其中，Ⅰ级资源：分值为 100～90 分；Ⅱ级资源：分值为 89～80 分；Ⅲ级资源：分值为 79～70 分；Ⅳ级资源：分值为 69～60 分；Ⅴ级资源：分值为 60 分，如图 2-15 所示。

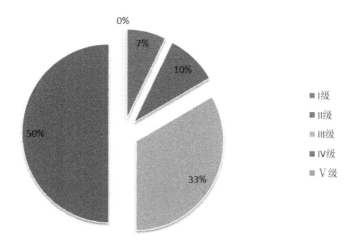

图 2-15 地质遗迹景观资源评价等级分布图

表 2-11 地质遗迹景观资源等级综合评价表

地质遗迹资源点	得分	级别
冒气洞、罗妹洞、三门海Ⅰ天窗、三门海Ⅱ天窗、三门海Ⅲ天窗、江洲天生桥	93	Ⅰ级
大石围天坑、大曹洞、布柳河天生桥、熊猫化石洞	91	Ⅰ级
江洲洞、马王洞天坑、大石围—甲蒙峰丛、良利—仁安峰丛、布柳河峡谷、火卖峰丛	86	Ⅱ级
大坨天坑、黑洞、大石围—甲蒙峰丛、弄乐天坑	83	Ⅱ级
大石围洞、水晶宫、马蜂洞新近纪剖面	81	Ⅱ级
莲花山丹霞山体、马王洞天坑、大石围平行不整合、红军岩、里朗洞新近纪剖面、麻拐洞天生桥、冷泉地下河、三门海Ⅳ天窗、三门海Ⅴ天窗、坡月地下河、鸳鸯岩溶泉	77	Ⅲ级
白洞天坑、大曹天坑、罗家天坑、神木天坑、乐业县城峰林、苏家天坑、花坪边缘坡立谷、凤城坡立谷、良湾河坡立谷、弄狮洞、绿河洞、西西里洞、同乐边缘坡立谷	74	Ⅲ级

(续表)

地质遗迹资源点	得分	级别
松仁峰丛、松仁峰林、弄坪-烟棚峰丛、凤山太平峰林、火卖峰丛、百朗地下河、半洞天坑、布柳河岩溶峡谷、鸳鸯洞、拉洞天坑、穿龙岩、社更穿洞、马王洞天生桥、孟里天生桥、大石围天坑蜓类化石、蒋家坳腕足类和蜓类化石、干团洞、水帘洞、飞龙穿洞、大石围天坑断层、雷劈岩	79	Ⅲ级
大东泥坡立谷、六为坡立谷、牛坪坡立谷、吊井天坑、蜂岩天坑、盖曹天坑、甲蒙天坑、蓝家湾天坑、老屋基天坑、里朗天坑、龙坨天坑、内里天坑、社更天坑、香垱天坑、藏龙洞、出水洞	78	Ⅲ级
下岗边缘坡立谷、大山洞、蜂子垱洞、河坪洞、黄连洞、金银洞、拉赖洞、老虎洞、亮洞、凉风洞、里朗洞、马蜂洞、麻拐洞、迷魂洞、坡仙洞、深洞、飞虎洞、四方洞、大洞天窗、老鼠峰、美人山、人面峰、阴阳山、大洋洞、飞猫洞、飞鹰洞	65	Ⅳ级
蜂子垱Ⅰ天窗、爱坡立谷、蜂子垱Ⅲ天窗、红米洞天窗、水井坳叶状藻化石、大石围C2h灰岩、大石围C2m灰岩、大坨P1q灰岩、玉龙洞、陇安洞、黄猄天坑P1m灰岩、中亭坡立谷、云峰洞、中洞、平旺坡立谷、蒋家坳平行不整合、坡心坡立谷、同乐边缘坡立谷	68	Ⅳ级
茶洞天坑、白竹洞天窗、穿洞天窗、邓家坨天坑、蜂子垱Ⅱ天窗、穿洞天坑、黄猄天坑	63	Ⅳ级
东泥洞、消水洞、燕子天坑、熊家东洞、熊家西洞、孟里峰丛	67	Ⅳ级

由图2-15、表2-11可以看出，研究区内的地质遗迹景观资源等级分类的构成比例，Ⅰ级共10项，占地质遗迹景观总数的7%，主要是气势恢宏的天坑群、天窗、天生桥和地表河流域，规模庞大、稀缺性强、旅游品位高、科普价值大，也是地质公园具有代表性的地质遗迹景观；Ⅱ级13项，占地质遗迹景观总数10%，以峰丛、洞穴为主；Ⅲ级共46项，占总数的33%，Ⅳ级69项，占总数的50%。从旅游规划和开发的角度看，研究区拥有一定

数量的世界级的地质遗迹景观，各层次评价等级的景观资源数量分布合理，基于生态风险等级的角度，可以较好地从空间区域进行优化配置，合理开展地质旅游开发。

2.7.3 地质景观资源空间布局与分析

1. 景观资源空间分布特征

研究区边界围绕三大流域的核心区域划定，东南部边界与国家地质公园边界基本重合并包含世界长寿之乡的源头；西北部将国家地质公园、兰花自然保护区包括在内，并划定一部分国家森林公园范围；中部主要将喀斯特峡谷及有关重要地质遗迹涵盖在内。其余区域边界则依靠地形走向而定，总体构成一个统一、单一地理区域。

如图 2-16 所示，研究区主要地质遗迹分布在西北部和东南部，中部以布柳河峡谷为中心，有局部分布，即两大地下河流域和一条地表河（布柳河）流域之岩溶区域内。其中，西北部是峰丛洼地、谷地貌和碎屑岩低山地貌混合，天坑分布集中，分布数量占研究区的 90% 以上，并局部分布有峰丛山林、地壳运动遗迹点和哺乳动物化石点等景观资源；中部区域以碎屑岩中低山地貌为主，重点景观资源主要是布柳河流域岩溶峡谷、天生桥和天窗等；南部和东南部区域以峰丛洼地和古地貌为主，则是洞穴大厅、象形山石、坡立谷等景观资源主要分布区域。

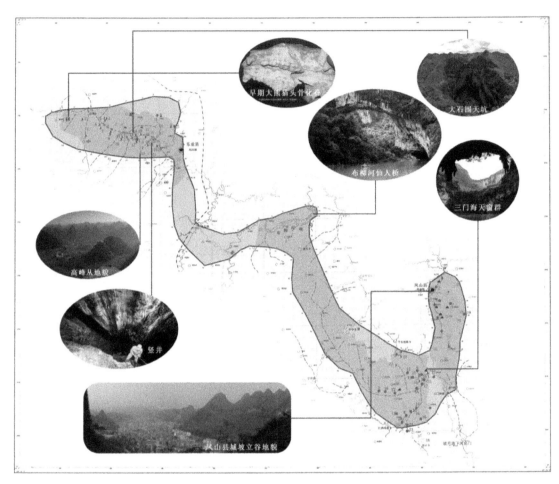

图 2-16　乐业—凤山世界地质公园地质遗迹及其他自然人文资源分布图

　　研究区不仅有着多样化的地质遗迹资源，还有大量的非地质遗迹景观资源，例如，有自治区级文化遗产 2 处，市级文化遗产 2 处，以及数十处县级文化遗产，类型丰富，特色迥异，为规划开发旅游奠定了基础。

2. 地质遗迹分级与分区

　　根据研究区原地质公园规划成果，按不同区域中的岩溶地形地貌自然边界和地质遗迹保护的整体性与连贯性，将地质遗迹保护范围划分为四个级别的保护区：特级保护区、一级保护区、二级保护区、三级保护区，其中核心保护区 0.36km²；一级保护区 6.32km²；二级保护区 37.86km²；三级保护区 190.13km²。各级保护区面积总和 234.67km²，共占总个地质公园园区面积的 25.9%（图 2-17）。研究区地质遗迹景观各级保护区及其主要保护对象、范围和内容详见表 2-12。

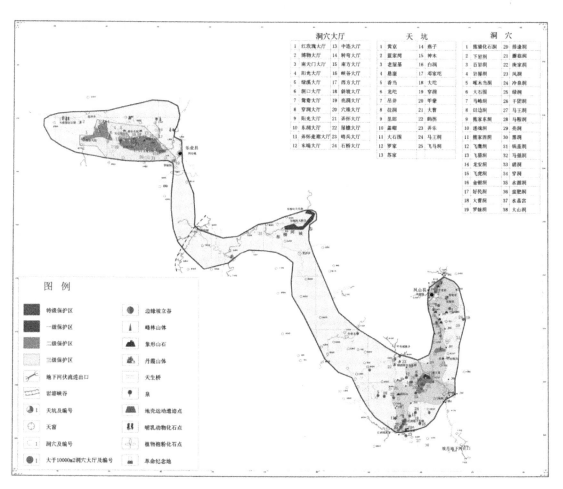

图 2-17　乐业—凤山世界地质公园地质遗迹保护规划示意图

表2-12　研究区地质遗迹景观各级保护区及其主要保护范围和内容

景区	保护区等级	面积/km²	主要保护对象	主要保护内容和保护范围
大石围景区	特级	0.10	大石围天坑底部	坑底植被等
	一级	0.12	大石围天坑	大石围天坑等
	一级	0.11	神木天坑	神木天坑、坑底植被、周边峰丛洼地等
	一级	0.03	白洞天坑	白洞天坑、冒气洞、坑底植被、周边峰丛洼地等
	一级	0.10	穿洞天坑	穿洞天坑、坑底植被等
	二级	17.64	大石围—穿洞天坑及峰丛洼地	大石围天坑周边峰丛洼地、罗家天坑、苏家天坑、坑底植被、燕子天坑、周边峰丛洼地生等
	三级	62.92	大石围天坑群	大石围天坑群遗迹区及生态地质环境
黄猄洞景区	一级	0.05	黄猄洞天坑	黄猄洞天坑、坑底植被等
	二级	9.13	黄猄—里郎天坑及峰丛	黄猄洞天坑周边奇花异草及各峰丛洼地等
罗妹洞景区	特级	0.00	罗妹洞	洞穴沉积物及其较为苛刻的形成环境
	二级	0.24	罗妹洞周边峰丛	罗妹洞周边峰丛
大熊猫化石洞景区	二级	0.22	大熊猫化石洞	洞穴及洞内各类化石标本
	三级	3.00	大熊猫化石洞—蓝家湾天坑	洞穴、天坑及其周边生态地质环境
布柳河景区	特级	0.14	布柳河仙人桥	布柳河仙人桥及其周边生态地质环境
	一级	5.02	布柳河峡谷及两侧峰丛	岩溶峡谷、峡谷森林、峡谷水体、两侧峰丛及其周边生态地质环境

（续表）

景区	保护区等级	面积/km²	主要保护对象	主要保护内容和保护范围
三门海景区	特级	0.12	三门海地下河天窗群	三门海地下河天窗群、坡心河、周边奇树异草及各峰丛洼地等
	一级	0.70	三门海周边峰丛洼地	高峰丛深洼地及相关地质景观和生态地质环境
	二级	6.09	社更穿洞、社更天坑、飞马天坑、干团洞、飞龙洞和马王洞	洞穴、洞穴沉积物、天坑及周边峰丛洼地等
鸳鸯洞景区	一级	0.02	鸳鸯洞	洞穴、洞穴沉积物及其较为奇刻的形成环境
	一级	0.01	鸳鸯泉	岩溶泉及其形成环境
	二级	0.29	鸳鸯洞（泉）周边峰丛洼地	高峰丛深洼地及相关地质景观和生态地质环境
江洲景区	一级	0.02	江洲仙人桥	岩溶天生桥及其周边地质生态环境
	一级	0.14	江洲地下长廊	巨型洞穴系统、洞穴沉积物等
	二级	1.25	江洲天生桥及地下河	周边峰丛洼地等
凤山园区	二级	1.39	穿龙岩	洞穴、洞穴沉积物及周边峰丛洼地等
	二级	1.61	良利—仁安峰丛	高峰丛深洼地及相关地质景观和生态地质环境
	三级	123.77	凤山岩溶地区	凤山岩溶遗迹区及生态地质环境
	三级	0.44	蚂拐洞及天生桥	洞穴、天生桥及其周边地质生态环境
合计	特级	0.36	特级保护区	保护区合计面积总和234.67km²，共占总个地质公园园区面积（906km²）的25.9%
	一级	6.32	一级保护区	
	二级	37.86	二级保护区	
	三级	190.13	三级保护区	

①特级保护区

面积 0.36km²，主要是研究区内世界级或国内罕见的特殊自然景观、地质遗迹，如大石围天坑、罗妹洞莲花盆群、布柳河仙人桥、三门海地下河天窗群、鸳鸯洞巨型石笋群、水晶宫等景区。特级保护区内严禁有破坏地质景观、破坏生态环境的任何人为活动；对永久性建筑建设实施严格控制，并设立监督巡视岗。

②一级保护区

面积 6.32km²，是研究区内典型和重要的地质景观。保护区内严禁毁林、采矿等改变地形地貌和改变土地性质的活动；严格限制开发强度，严禁建设与地质景观无关的旅游设施。

③二级保护区

面积 37.86km²，是具有一定科学价值和旅游价值的地质景观。如大石围天坑外围、神木白洞天坑外围、大坨天坑、黄京洞天坑外围、大熊猫化石洞外围、蓝家湾天坑、罗妹洞峰丛、鸳鸯洞与泉、穿龙岩等景区。保护区内一切建设必须严格服从总体规划，可在规划许可的范围内修建少量必要的旅游基础和服务设施，建立项目审批制度，由公园管理部门负责审批。

④三级保护区

面积 190.13km²，包括大石围景区、五台山等区域。保护区内经批准方可按照规划进行旅游基础和服务设施的建设，但应严控建筑高度、建筑区范围；严格控制各类污染源，防止地表和地下水体水质及大气受到污染。

2.8 本章小结

本章主要介绍了研究区自然地理概况，分别从地貌地质、气候水文、土壤、植被、地质景观资源等方面进行介绍。结合研究区的特色，从旅游开发的角度对研究区的地理旅游景观资源进行定性和定量评价，得出以下结论。

（1）研究区内的地质遗迹景观资源 I 级共 10 项，占地质遗迹景观总数的 7%，规模庞大、稀缺性强、旅游品位高、科普价值大，是地质公园具有世界代表性的地质遗迹景观；II 级 13 项，占地质遗迹景观总数 10%；III 级共 46 项，占总数的 33%；IV 级 69 项，占总数的 50%。

（2）从旅游规划和开发的角度看，研究区拥有一定数量的世界级地质遗迹景观，各层次评价等级的景观资源数量分布合理，基于生态风险等级的角度，可以较好地从空间区域进行优化配置，合理进行地质旅游开发。

第 *3* 章　数据来源和数据处理

当前 3S（RS、GIS、GPS）空间信息获取技术的高速发展，为研究区域地质遗迹景观和国土资源利用变化情况提供了便利和丰富多源的空间数据。本章通过实地勘察和中国科学院资源环境科学数据中心网数据采集等方式方法，结合定性与定量分析、空间分析等方法对数据进行分析处理，对遥感影像数据进行解译和分析，并对分类精度进行评估，为地质公园景观格局变化的生态效应提供基础数据，数据来源可信。

3.1　数据来源

3.1.1　遥感数据

在对地质公园地质景观和土地利用景观格局变化研究主要采用遥感数据，选取相同时相的遥感数据进行分析，减少由于季节更替导致的数据偏差。根据乐业—凤山世界地质公园特点，结合本区域土地利用情况和数据采集的可获取性，选取 2010、2015、2020 年 3 期遥感卫星影像数据，数据来源于国家公益卫星数据资源及美国商业卫星资源，类型及参数见表 3-1。

表 3-1 研究采用影像数据

产品号	影像类型	采集时间	波段数	空间分辨率/m	侧视角/°	云量/%
1755218	ZY3	2010-09-30	4	2	0	1
1757290	ZY3	2010-09-30	4	2	0	1
1318568	ZY3	2010-11-18	4	2	0	1
1314404	ZY3	2010-11-18	4	2	0	1
75500	GF1	2015-05-02	4	2	5	0
5135593	ZY3	2015-03-19	4	2	0	4
5101783	ZY3	2014-12-30	4	2	0	0
25375（15/164）	ZY3	2020-12-24	4	2	0	0
25375（15/163）	ZY3	2020-12-24	4	2	0	0
5197789	GF2	2020-10-24	4	2	1. 6	0
5196192	GF2	2020-10-24	4	1	6. 3	0
5197792	GF2	2020-10-24	4	1	10. 1	0
5196193	GF2	2020-10-24	4	1	8	0
5215810	GF2	2020-11-13	4	1	6	3
5215815	GF2	2020-11-13	4	1	9	0

3.1.2 DEM 数据

地面分辨率控制为 30m，以美国 USGS 网站下载为基础，DEM 数据覆盖整个研究区，不涉及拼接等情况；时相 9 ～ 12 月，云量 < 5%，便于植被信息提取，部分相关数据缺失的选取相近月份数据；对高分卫星影像多光谱与全色

波段融合,以 4 个波段(RBG)进行组合获得遥感影像图。

3.1.3 实地调研数据

通过调查访谈和材料收集,获取地质公园区所在区域的社区人口和经济数据;通过野外调查,实测得到研究区域的自然条件资料和 GPS 点位数据,记录了不同土地覆被类型和植被。

3.1.4 辅助数据参考

通过开展与地质公园保护区管委会合作的方式,收集专项研究报告与成果、期刊论文与文献著作等材料,获取地质公园研究区域的地形图、植被图、地质图、综合科学考察报告、气象资料等各种专题图件和资料,数据来源真实可靠。

3.1.5 软件平台

数据处理软件主要包括地理信息系统软件 ArcGIS 10.6 和遥感数字图像处理软件 Envi5.3。Envi5.3 主要用于对研究区的遥感图像处理,如图像数据的输入 / 输出、图像定标、波段组合、几何校正、镶嵌、数据融合,以及图像分类等操作;ArcGIS 10.6 主要用于对图像数据进行投影设置与转换、数据拓扑检查、矢量数据的空间分析、各类研究专题图的制作,以及重要的地质景观和土地利用地理统计,等等。

3.2 数据归类和 GIS 数据库建立

相关数据收集和选取完成后，结合实际对相关数据进行归类、筛选和处理，并建立 GIS 数据库，划分为空间数据库、属性数据库和辅助数据库三类，如图3-1 所示。

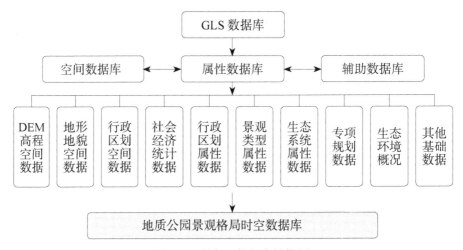

图 3-1 研究区数据库结构图

3.2.1 空间数据库

主要反映地质公园的地质地貌、空间地理位置、空间关系和相关景观因素特征。其中，空间数据库下属子库分为以下 4 点：

①遥感影像空间数据：运用遥感影像处理软件，对遥感数据进行处理，建立多类型、多层次的遥感图像数据库；

② DEM 空间数据：通过矢量（Vevtor）或栅格（Raster）数据形式存储，反映地质公园的地面高程数据、地面模型，并建立空间分析模型；

③地形地貌空间数据：主要包括地形图、地貌图、土地利用图等图形数据，

构成地质公园景观格局空间定位和生态空间分析的基础；

④行政空间区划数据：包括行政区划图、交通地图、空间规划方案等。

3.2.2　属性数据库

主要是对与地质景观、地质实体相联系的变量或地理意义进行描述的非空间数据，通常分为定性和定量两种。属性数据库主要是各种行政区划名称、景观类型、特性、土地利用现状、社会经济统计指标、土壤形状以及适宜生态特点等。

3.2.3　辅助数据库

除了空间数据和属性数据外，研究根据实地勘察和资料收集，建立与本研究相关的辅助数据库，主要包括以文本形式进行存储的年鉴报告、专项规划文本数据、国土资源利用概况、基期文本数据等。它是补充属性数据源的重要依据，也是为管理决策提供数据分析的参考数据源。

3.3　遥感数据预处理

遥感影像的获取过程受时间、云层状况、卫星传感器灵敏程度和外界条件等因素影响，容易导致遥感数据失真和存在差异；在获取研究区域的遥感影像数据后，进行数据预处理，有助于相关指数的一致性提取和准确评价。数据预处理过程包括：辐射校正、投影坐标转换、大气校正、几何校正、图像数据融合和图像匀光匀色与裁剪等。

3.3.1 辐射校正

辐射校正（RadiometricCorrection）是指对由于外界因素，数据获取和传输系统产生的系统的、随机的辐射失真或畸变进行的校正，消除或改正因辐射误差而引起影像畸变的过程（田庆久，郑兰芬，1998）。辐射误差产生的原因可以分为：传感器响应特性、太阳辐射情况以及大气传输情况等（赵英时，2003）。为了得到地物的真实辐射量信息，必须进行辐射校正。研究工作采用了 ENVI5.3 软件自带的 RadiometricCalibration 工具进行辐射定标，包括每景影像对应的全色和多光谱数据。

3.3.2 投影坐标转换

研究选取多源数据进行分析计算，涉及多种坐标参考系，为了保证数据统一、精确，需要进行投影坐标转换。综合考虑地质公园地理空间、面积范围、信息数据源等特点，空间数据采用西安 80 坐标系、3 度分带；中央子午线为东经 117 度，运用 ArcGIS 的坐标转换工具对数据进行坐标转换。

3.3.3 大气校正

由于大气、光照、云和气溶胶等因素对地物反射的影响，尤其是散射作用造成的辐射量误差，需要在光谱分析之前进行大气校正，消除相关因素影响，得到地表真实的反射率。研究工作采用 ENVI5.3 的 FLAASH 功能进行大气校正，其中国内公益卫星数据由于参数识别异常，参考国外标准数据的格式后，ENVI5.3 可以支持其大气校正工作，如图 3-2 所示。

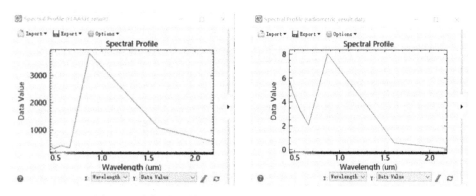

图 3-2 大气校正前后的显示情况对比（以耕地为例）

3.3.4 几何校正

受遥感卫星传感器高度、遥感平台、地形起伏、大气散射以及地球本身（地球自转、地球表面曲率）等因素影响，使遥感成像过程中产生几何变形。研究采用二次多项式和最邻近像元法，先从地质公园 1∶10000 的地形图（西安 80 坐标系）上选取控制点坐标，对 2010 年的遥感影像进行几何精校正，控制点的选取优选平缓地块交叉处、道路拐角或交叉口、桥两头、山顶裸露石头。

在几何校正的基础上，采用影像对影像配准工具（Image Registration Workflow）利用校正后的影像对 2015 年、2020 年的全色进行配准和校正，均方差根误差＜ 1 个像元；带全色影像校正完毕后，以全色影像为基准，对多光谱进行纠正和配准，全色与多光谱空间位置差异＜ 0.5 个像元。

3.3.5 遥感图像数据融合

遥感图像数据融合是通过图像处理技术对多源遥感图像数据和其他信息进

行复合处理的过程。

本文通过将高分辨率全色影像和低分辨率多光谱影像融合，运用 ENVI5.3 软件的 Gram-schmidt Pan Sharpening 工具，对研究区 2010 年、2015 年、2020 年遥感影像进行重采样后生成高分辨率多光谱影像，提高空间分辨率并兼具有多光谱特，如图 3-3 所示。

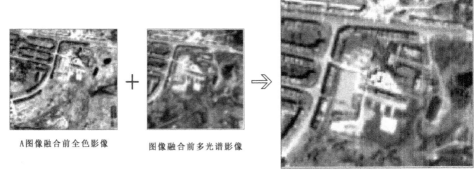

A图像融合前全色影像　　　　图像融合前多光谱影像

图 3-3　图像融合后成图

3.3.6　图像匀光匀色与裁剪

根据研究的实际需要，需要对遥感影像进行局部范围的裁剪，选取和保留研究区域范围。同时，为了提高后续监督分类数据处理效率，剔除影像背景相关数据，将地质公园（尤其是保护区范围）的矢量边界生成掩膜，使用 ENVI5.3 提供的 Subset Data from ROIS 工具进行裁剪，得到研究区的图像，如图 3-4 和图 3-5 所示。

图像匀光匀色前期图像

图像匀光匀色后期图像

图 3-4　图像匀光匀色前后对比图

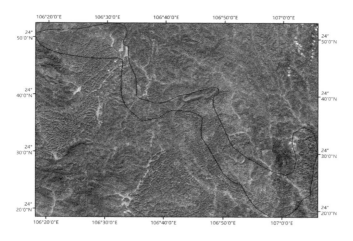

图 3-5　研究区图像匀光匀色与裁剪后成图

3.4 遥感影像分类与解译

3.4.1 遥感影像景观分类

研究区各景观单体是国土资源和土地利用空间地域的组合单位，综合反映地质环境的演变、自然生态的繁衍和人类对国土资源利用改造的方式和成果。因此，本研究的景观分类体系既考虑以现有的土地利用分类体系为基础，同时考虑区域地质公园性质、国土资源状况和土地利用特征，对研究区景观类型进行科学划分与分类。

本研究主要考虑岩溶地质景观的独特性，以及遥感影像所能反映的信息数据基础，以研究区地表景观为主要研究类，根据《土地利用动态遥感监测规程》（TD/T1055-2019）、林业行业标准《自然保护区土地覆被类型划分》（LY/T1725-2008）、《土地利用现状分类》（GB/T21010-2017）和全国第三次土地调查的基础上，结合遥感影像的分辨率，将研究区景观类型分为：耕地、园地、林地、草地、工矿用地、特殊用地、交通运输用地、水域及水利设施用地、其他用地、城镇村用地共 10 个一级景观类型，23 个二级景观类型，见表 3-2。

表 3-2 研究区遥感影像景观分类表

编码	一级地类	二级地类
01	耕地	旱地、水田
02	园地	果园、茶园、其他园地
03	林地	有林地、灌木林地、其他林地
04	草地	其他草地

（续表）

编码	一级地类	二级地类
06	工矿仓储用地	采矿用地
09	特殊用地	风景名胜设施用地
10	交通运输用地	公路用地、农村道路用地
11	水域及水利设施用地	河流水面、水库水面、坑塘水面、内陆滩涂、沟渠、水工建筑
12	其他土地	设施农用地、裸土地
20	城镇村及工矿用地	建制镇、村庄

3.4.2　遥感影像光谱提取和解译

本次研究采用了地球观测系统（SPOT）、高分一号卫星（GF 1）等数据源，每个数据均由红、绿、蓝、近红外（近红外是遥感光谱的专业术语）组成。电磁波谱中，通常把波长范围为 0.76～1000 微米这一波谱区间称为红外波谱区。其中，又分为近红外（0.76～3.0 微米）、中红外（3.0～6.0 微米）和远红外（6.0～15.0 微米）和超远红外（15.0～1000 微米）组成，由于多光谱影像其波段数目的限制，比较容易出现"同物异谱""异物同谱"现象。同时，由于研究区是典型的丘陵山区，存在山体背面、物种丰富等原因，其自动分类的精度将大受影响。因此，先对典型地物的光谱特征提取和统计，提高后期分类的精度。

1. 影像基本信息提取与分析

在遥感图像处理平台（ENVI）的统计模块支持下，对研究区进行掩膜并提取均值等信息，计算结果见表 3-3。

表 3-3　研究区 2010—2020 遥感影像提取信息分析表

波段	红	绿	蓝	近红外
均 值	32. 27	34. 7	77. 8	84. 5
标准差	12. 8	7. 9	9. 1	17. 6
亮度值	225	219	179	241
信息熵	3. 1	2. 8	3. 1	3. 6

从上表看出，近红外波段在均值、标准差和信息熵方面具有一定的优势，研究区植被茂密，对植被的提取能起到很好的帮助作用。

2. 影像相关性分析

在 ENVI 统计模块支持下，对各波段影像相关性进行分析，从表 3-4 中可以看出，红、绿、蓝三波段相关系数均比较高，近红外相关系数则比较低。我们在后续进行分类时，可适当提高近红外波段及近红外波段高相关的指数，例如：归一化植被指数（NDVI）、归一化水指数（NDWI）等的比重。典型地类遥感影像特征及解译见表 3-5。

表 3-4　研究区 2010—2020 遥感影像相关性分析表

波段	红	绿	蓝	近红外
红	1			
绿	0.987	1		
蓝	0.943	0.972	1	
近红外	0.762	0.873	0.762	1

表 3-5　遥感影像特征及解译表

地类	特征	影像特征	实地照片
城镇村	多分布于城镇与城镇内部或周边，街道比较规则，成格网状分布。形状较规则，由若干小的矩形紧密排列，房屋密集。色调呈灰或灰白		
工矿仓储用地	多分布在远离城镇居民点，矿区周边地类多为农田、林地和荒草地；且多有未硬化的矿山道路连通，有的矿山道路专为运矿而建；现状以民营矿山为主，房屋规模较小，分布较零散。工矿仓储用地一般规模大，分布于偏远地区		
交通运输用地	连接建设用地之间，宽度均匀，走向平直，穿居民点多，两侧一般有树和道沟。山区公路常迂回曲折，色调随路面的湿度和光滑程度不同而由白到黑渐变；城乡接合部及道路常与原有建成道路相连或通往工矿用地、城镇村居名点；公路常有圆形转盘，内有绿化带，一般呈直线横穿整个监测区		

（续表）

地类	特征	影像特征	实地照片
耕地	颜色呈绿色，方块连片，较均匀，边界多有路、渠、有田间防护林网		
园地	色调成暗灰，呈块状分布，较均匀，纹理较粗，有明显的行距和株距，影像上呈绿色颗粒状		
林地	呈深绿色、翠绿，块状分布，均质连片，大面积分布，纹理较粗，周边有阴影		
草地	呈黄绿色，不规则形状，无较明显边界，研究区分布较少		

（续表）

地类	特征	影像特征	实地照片
水域及水利设施用地	一般呈黑色或蓝色，形状不规则，零星分布于研究区		
风景名胜及特殊用地	研究区地质公园开发，各类旅游设施建设用地；其他特殊用地指寺庙等，分布于城镇内部		

3. 基于影像建立样本库

基于 ArcGIS 和 ENVI 软件平台，按照已建立的分类体系，在真彩色影像上提取典型地类，并对影像色调、纹理、空间位置特征进行分析，为后期自动分类及后期处理，提供依据。

3.4.3 高分辨率地类信息指数

地类信息指数是开展土地利用覆被研究的基础，通过对红、绿、蓝、近红外波段的数学运算，得到若干指数模型，其他突出研究区生态环境、土地覆被、植被变化等专题信息，为了提高影像分类精度，研究选取了归一化植被指数（NDVI）、归一化水体指数（NDWI）、土壤调节植被指数（SAVI）、比值植被指数（RVI）对遥感影像进行处理以增强地物的可分性。

1. 归一化植被指数（NDVI）

归一化植被指数是反映农作物、植被生长状态、植被覆盖度和营养信息的重要参数之一。NDVI 与植物的蒸腾作用、植物冠层背景影响、光合作用等密切相关。利用 TM 影像计算 NDVI 公式为

$$NDVI=（近红外－红波段）/（近红外＋红波段） \tag{3-1}$$

2. 归一化差异水体指数（NDWI）

归一化差异水体指数是利用遥感影像的可见光波段研究水体，利用水体反射由可见光—短波红外波段逐渐减弱，并在近红外和绿波段范围内吸收性最强等特点，形成反差并进行归一化差值处理，形成和凸显影像中水体的信息，计算公式为

$$NDWI=（绿波段－近红外波段）/（绿波段＋近红外波段） \tag{3-2}$$

3. 土壤调节植被指数（SAVI）

$$SAVI=（1+L）（近红外－红波段）/（近红外＋红波段＋L） \tag{3-3}$$

SAVI 用于反映和解释背景的光学特征变化，并修正 NDVI 对土壤背景的敏感。式中，L 是根据实际情况确定的土壤调节系数，取值范围 0～1。当 $L=0$ 时，表示植被覆盖度为 0；当 $L=1$ 时，表示植被覆盖度最大。因此，SAVI 参数对研究区的地物分类具有重要意义。

4. 比值植被指数（RVI）

比值植被指数又称为绿度，是反映绿色植物的灵敏度参数，主要表征植被

覆盖度和生长状况的差异。当 RVI 值越大（以 1 为界值），表明绿色植被越茂密、覆盖率越高（植被的 RVI 通常大于 2）；RVI 值在 1 附近范围，表明该区域植被覆盖率较低。该指数能较好对林地、草地以及其他地类进行区分，并反映覆盖率情况。

$$RVI = 近红外 / 红波段 \tag{3-4}$$

3.4.4 基于实地采样的 SVM 分类

研究根据上述方法结合研究区构建了基于纹理的 SVM 土地覆被分类模型，主要工作流程为：①在已进行大气校正、正射校正、融合的四波段影像在 ENVI 中进行主成分分析；主成分图像通过运用灰度共生矩阵法，提取图像的纹理信息，以此获得熵、ASM 能量和对比度 3 种特征量；②将纹理特征量与融合图像进行结合，并对该图像进行 SVM 分类，将分类结果与实地勘察的信息进行对比，如图 3-6 所示。

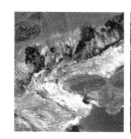   

GF-1 影像　　　　ASM 能量　　　　对波度　　　　熵

图 3-6　SVM 分类结果（局部）

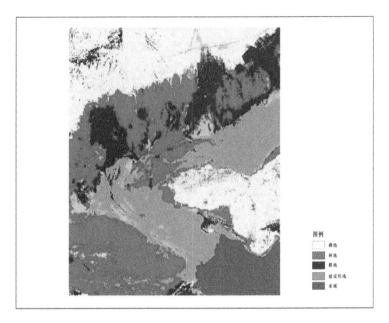

图 3-6　SVM 分类结果（局部）续

3.4.5　遥感影像信息解译的精度评价

由于研究区复杂的自然环境和遥感光谱的特殊性，遥感数据提取存在不确定性，必须要对遥感信息解译精度进行评价。研究将实地勘察数据和分类数据进行对比分析，分析和确定分类结果的准确程度。遥感信息解译精度评价方法有 Kappa 系数、混淆矩阵、总体分类精度、制图精度和用户精度等方法。本文选取 Kappa 系数、制图精度和用户精度对分类结果进行评价，具体计算公式如下

$$\text{Kappa} = \frac{N\sum_{k}^{\square}X_{kk} - \sum_{k}^{\square}X_{k\Sigma}X_{\Sigma k}}{N^2 - \sum_{k}X_{k\Sigma}X_{\Sigma k}} \tag{3-5}$$

式中：N 为地表真实分类中的总像元数；X_{kk} 为混淆矩阵对角线；$X_{k\Sigma}$ 为某类地表真实像元的总数；$X_{\Sigma k}$ 为该类中被分类的像元总数。

0.0＜Kappa系数＜0.20，为极低的一致性；0.21＜Kappa系数＜0.40，为一般的一致性；0.41＜Kappa系数＜0.60，为中等的一致性；0.61＜Kappa系数＜0.80，为高度的一致性；0.81＜Kappa系数＜1，为几乎一致。

由表3-6可以看出，研究区3期遥感数据评价结果，Kappa系数均在0.8以上，一致性程度高，满足研究的应用需要。

表3-6　分类结果精度评价

地类	2010		2015		2020	
	用户精度	制图精度	用户精度	制图精度	用户精度	制图精度
耕地	84.1	85.3	85.2	86.3	86.3	87.5
园地	85.3	85.8	85.3	86.8	85.5	86.8
林地	89.4	90.4	88.1	89.9	88.6	89.7
草地	80.1	82.2	81.2	86.1	81.8	83.9
工矿仓储用地	84.3	85.6	85.2	86.1	84.7	85.3
特殊用地	86.8	87.5	86.3	87.4	86.4	87.7
交通运输用地	89.9	91.2	89.3	90.1	88.9	89.8
水域及水利设施用地	90.1	93.3	89.2	91.4	89.8	91.9
其他土地	81.1	84.3	80.2	82.1	82.1	83.6
城镇村及工矿用地	91.1	93.2	88.2	89.7	90.7	93.1
Kappa系数	0.85		0.88		0.83	

3.4.6　分类后处理

针对分类的结果，结合高分辨率影像进行逐图斑修正，对明显不符合分类要求的地类进行修改，对图形拓扑错误区等图斑进行分类后处理，即形成研究区地貌图、海拔高程图和 2010 年、2015 年、2020 年 3 个年度的土地利用覆盖数据。

1. 地形海拔高程分析

根据模型统计分析结果可以看出：研究区总面积为 90548.76 公顷（905.4876km^2），最高海拔为 1657m，最低海拔为 400m。研究区大部分地区位于海拔 700m 以上区域，地形地貌分级如图 3-7 所示，研究区海拔高程分析见表 3-7。

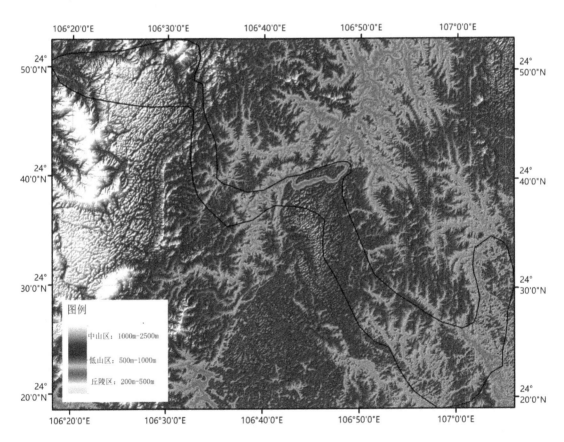

图 3-7　研究区地形地貌分级图

表 3-7 研究区海拔高程分析表

序号	海拔高程/m	面积/ha	比例/%	山地类型	比例/%
1	400～500	2343.87	2.59	丘陵	2.59
2	500～600	4887.81	5.40	低山	
3	600～700	10314.09	11.39	低山	
4	700～800	15240.78	16.83	低山	64.06
5	800～900	14886	16.44	低山	
6	900～1000	12676.95	14.00	低山	
7	1000～1100	10338.66	11.42	中山	
8	1100～1200	7102.98	7.84	中山	
9	1200～1300	5134.14	5.67	中山	
10	1300～1400	4032.36	4.45	中山	33.35
11	1400～1500	3120.03	3.45	中山	
12	1500～1600	453.69	0.50	中山	
13	1600～1700	19.71	0.02	中山	

根据地形海拔高程分析结果，研究区是典型的山地地区，按我国山地高程分类的标准：丘陵（海拔＜500m）、低山（500m＜海拔＜1000m）、中山（1000m＜海拔＜3000m）、高山（3500m＜海拔＜5000m）、极高山（海拔＞5000m），研究区的山地地形情况如下。

丘陵地形区：面积 2343.87 公顷，仅占总体面积的 2.59%。地形主要是丘陵和山前平原，主要分布在研究区中部和东南部区域，以乐业县城、凤山县城及周边区域为主。

低山地形区：总面积 58005.53 公顷，占全县面积的 64.06%，地形在研究区大部分区域均有分布。

中山地形区：总面积 30201.57 公顷，占全县面积的 33.35%，地形被分割得很小，分布在研究区多数乡镇内。

2. 坡度分析

坡度是地表单元陡缓倾斜的程度，是地貌形态的基本指标。研究以格网为基础，采用模块地形分析进行坡度的提取。同时，结合研究区地面地物组成、地形特点和地形图比例尺等因素，进行坡度分析、坡度分级，最终生成坡度分级图如图 3-8 所示，坡度分析见表 3-8。分析结果表明了研究区地形坡度可分成 4 等级。

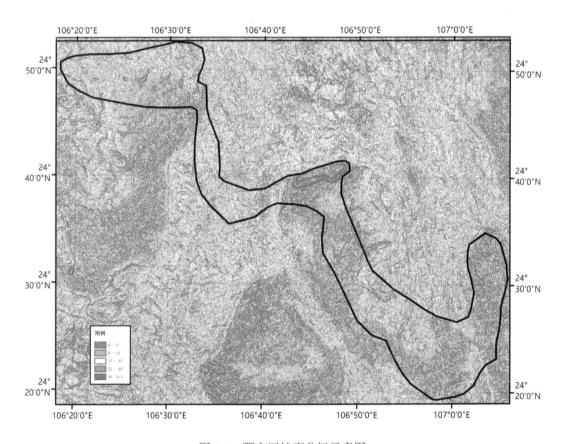

图 3-8　研究区坡度分级示意图

表3-8 研究区坡度分析表

	Ⅰ级	Ⅱ级	Ⅲ级	Ⅳ级
坡度	0°～8°	8°～15°	15°～25°	>25°
面积/ha	6954.82	19072.76	28654.25	35867.02
比例/%	7.68	21.06	31.65	39.61

坡度0°～8°的Ⅰ级平坡地：面积为6954.82公顷，占总面积7.68%；主要分布在研究区中部和东南部区域，包括乐业县城周边上岗村、九利村、凤山县三门海镇周边区域。由于地面比较平坦，叠加对照土地利用现状图，土地利用现状为农用地和城镇村建设用地为主。

坡度8°～15°的Ⅱ级缓坡地：面积为19072.76公顷，占总面积的21.06%。主要分布在Ⅰ级平坡底的外延缓冲区域，农用地现状以旱地和园地为主。这表明研究区地表土流失现象明显，尤其在纹沟和浅沟切割而发育成冲沟的区域，水土流失可能性较大，后期需要加强水土保护措施，有条件可以发展果业生产。

坡度15°～25°的Ⅲ级斜坡地：面积为28654.25公顷，占总面积的31.65%。部分土地现状在没有植被区域，深层土壤出露地表，周边区域冲沟发育，容易发生水土流失，土地利用现状以梯田和林地为主。

坡度>25°以上的Ⅳ级陡坡地：面积为35867.02公顷，占总面积39.61%。主要分布在研究区中部和南部，该区域地面破碎，不宜耕种，同时也是大片原始森林和天坑群所在地域，冲沟极为发育。

3. 土地利用分类结果

在影像分类结果的基础上，运用ArcGIS 10.6制作研究区2010年、2015年、2020年土地利用现状图，如图3-9～图3-11所示。以3期土地利用现状图、行政区划图、地形图和相关社会统计数据等为基础，构建生态环境数据库。

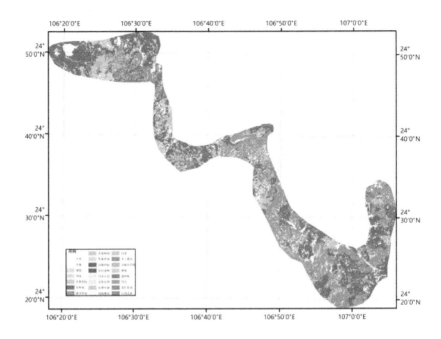

图 3-9 研究区 2010 年土地利用现状示意图

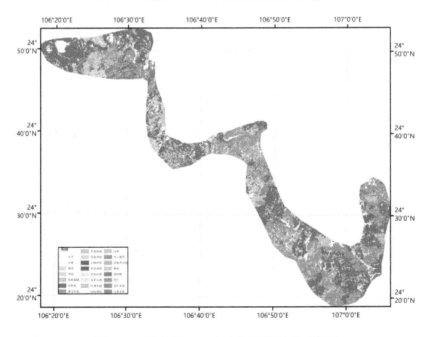

图 3-10 研究区 2015 年土地利用现状示意图

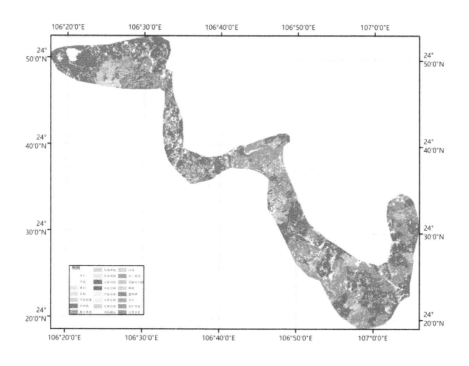

图 3-11 研究区 2020 年土地利用现状示意图

3.5 本章小结

本章详细说明了本研究所需的数据来源和研究基础。在对研究区遥感影像光谱特征、纹理特征进行分析的基础上，选取归一化植被指数（NDVI）、归一化差异水体指数（NDWI）和土壤调整指标指数（SAVI）作为遥感影像分类的特征向量，以提高影像的分类精度。然后采用 SVM 分类方法，在 Matlab 平台下对研究区 3 期遥感影像进行土地利用覆被信息提取。最后采用 Kappa 系数、制图精度和用户精度对分类结果进行评价。结果表明，分类结果 Kappa 系数均在 0.8 以上，满足本研究的应用需要。

第4章 研究区景观空间格局演变分析

在自然环境和人类活动共同影响下，区域景观格局或保持相对稳定，或发生剧烈变化，总体处于一种动态演变的态势。景观指数法作为景观度量标准，主要应用在评价土地利用类型的变化上，同时在生态系统功能服务、景观美学等方面的研究也有所涉及。根据研究的需要，本章选用景观格局指数法进行研究。

本章在 GIS 和遥感技术的支持下，以研究区 2010 年、2015 年、2020 年 3 期遥感解译数据为基础进行景观类型提取，然后采用 FRGSTATS4.0 软件分别计算研究区景观指数。

4.1　景观类型

结合现场实地勘察和遥感解译数据所反映的地面景观信息，采用地表景观类型（即土地利用现状类型），用以反映研究区生态环境和景观格局分析的实际需要。因此，在第 3 章研究的基础上，按将研究区景观类型分为：耕地、园地、林地、草地、工矿仓储用地、特殊用地、交通运输用地、水域及水利设施用地、其他用地、城镇 / 村用地共 10 个一级景观地类，23 个二级景观地类，见表 4-1。

表 4-1　研究区景观类型分类表

一级景观地类	二级景观地类
耕地	旱地、水田
园地	果园、茶园、其他园地
林地	有林地、灌木林地、其他林地
草地	其他草地
工矿仓储用地	采矿用地
特殊用地	风景名胜设施用地
交通运输用地	公路用地、农村道路用地
水域及水利设施用地	河流水面、水库水面、坑塘水面、内陆滩涂、沟渠、水工建筑
其他土地	设施农用地、裸土地
城镇/村用地	建制镇、村庄

4.2　景观格局指数选取

　　景观类型的面积、数量、形状、连接状态等特征可以充分反映自然生态过程的进行、生物多样性的分布、河网布局以及人类活动的强度等（刘铁冬，2011）。景观格局指数是反映景观格局结构和组成的重要定量分析方法，从斑块水平指数、斑块类型水平指数和景观水平指数 3 个层面，反映了不同阶段的景观空间结构组成和空间配置等特点，是理解景观格局时空变化的基础方法。

　　基于地质公园的特点，景观格局指数的选择和定量分析重点考虑反映景观全局、反映各景观类型变化、相关性较小的典型变量；重点考虑可以表征地质公园和地质遗迹景观组成、结构的指数指标。

　　因此，本研究主要从景观水平、类型水平和斑块水平景观格局指数 3 个层面，选取反映景观整体的多样性、联动性、形状复杂性和聚散性 4 个角度的景观格局指数。同时，选取反映各景观类型微观格局变化的斑块密度大小和差异指数、斑块形状指数类型、斑块连通度指数等来分析研究区景观格局变化情况。

4.3 景观格局结构要素分析

4.3.1 空间分布和类型

从图 4-1、表 4-2 数据分析可以看出，研究区内景观地类主要是农用地（耕地、园地）、林地、水域 / 水体、建设用地（城镇村用地、交通道路、水工建筑）、未利用地（草地、滩涂）构成。林地（有林地、灌木林地、其他林地）是主要景观类型，分布优势明显，覆盖了研究区绝大部分。耕地、园地以块状形式集中分布在研究区西北和中部地区；建设用地主要以研究区乐业县、凤山县城及周边地区为主；水域以地表水面为主，分布在研究区中部地区，以布柳河区域为集中区域；未利用地零星分布。

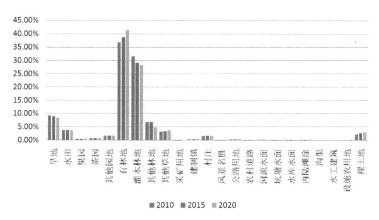

图 4-1　研究区 2010—2020 年景观类型结构图

表4-2 研究区2010—2020年景观类型面积统计表

景观类型		2010 面积/ha	2010 比例/%	2015 面积/ha	2015 比例/%	2020 面积/ha	2020 比例/%	年均变化 面积/ha	年均变化 比例/%
耕地	旱地	8389.20	9.26%	8176.26	9.03%	7680.26	8.48%	-708.94	-0.78%
	水田	3481.24	3.84%	3455.39	3.82%	3346.31	3.70%	-134.93	-0.15%
园地	果园	482.82	0.53%	500.92	0.55%	486.34	0.54%	3.52	0.00%
	茶园	735.53	0.81%	739.98	0.82%	720.37	0.80%	-15.16	-0.02%
	其他园地	1545.89	1.71%	1557.40	1.72%	1520.98	1.68%	-24.90	-0.03%
林地	有林地	33372.36	36.86%	35118.77	38.78%	37473.37	41.38%	4101.02	4.53%
	灌木林地	28540.38	31.52%	26449.71	29.21%	25593.55	28.26%	-2946.83	-3.25%
	其他林地	6218.34	6.87%	6191.18	6.84%	4407.55	4.87%	-1810.79	-2.00%
草地	其他草地	3022.63	3.34%	3080.23	3.40%	3445.39	3.81%	422.76	0.47%
工矿仓储用地	采矿用地	36.65	0.04%	46.72	0.05%	78.61	0.09%	41.96	0.05%
城镇村及工矿用地	建制镇	410.18	0.45%	412.55	0.46%	480.62	0.53%	70.44	0.08%
	村庄	1425.38	1.57%	1525.78	1.68%	1621.77	1.79%	196.38	0.22%
特殊用地	风景名胜设施用地	37.02	0.04%	39.48	0.04%	37.57	0.04%	0.54	0.00%
交通运输用地	公路用地	378.06	0.42%	396.53	0.44%	499.26	0.55%	121.20	0.13%
	农村道路	8.37	0.01%	8.37	0.01%	8.48	0.01%	0.11	0.00%
水域水体	河流水面	302.54	0.33%	306.50	0.34%	299.52	0.33%	-3.02	0.00%
	坑塘水面	20.88	0.02%	22.10	0.02%	23.62	0.03%	2.73	0.00%
	水库水面	23.42	0.03%	23.42	0.03%	23.42	0.03%	0.00	0.00%
	内陆滩涂	11.85	0.01%	12.18	0.01%	12.18	0.01%	0.33	0.00%
	沟渠	2.45	0.00%	2.45	0.00%	2.45	0.00%	0.00	0.00%
	水工建筑	1.11	0.00%	1.11	0.00%	1.11	0.00%	0.00	0.00%
其他土地	设施农用地	2.10	0.00%	2.48	0.00%	5.33	0.01%	3.24	0.00%
	裸土地	2100.36	2.32%	2479.21	2.74%	2780.65	3.07%	680.29	0.75%
总计		90548.76		90548.76					

由表 4-2 数据的类型结构分析，3 期研究时点的林地面积（包括有林地、灌木林地、其他林地）分别占区域景观总面积的 75.24%、74.83% 和 74.52%；水域 / 水体的面积所占比例较小，3 期研究时点的面积分别占区域总面积的 0.40%、0.41% 和 0.40%；建设用地所占比例虽逐年增加，但年均增长比例较小，3 期年份占区域总面积的 2.54%、2.68% 和 3.01%，人为活动影响未成为优势景观类型的局面。该区域在 2010 年开始被申报世界地质公园，并进行相应的规划，整个区域的土地进行了有效的控制和削减。

整体结构组成，研究区 2010 年、2015 年和 2020 年 3 期的 23 种景观类型所占面积比维持稳定：林地＞耕地＞草地＞园地＞建设用地＞其他土地＞水域 / 水体。

4.3.2　景观类型面积转移变化分析

通过对 2010—2020 年各个景观类型面积转移矩阵（表 4-3 和表 4-4）分析可以看出，研究区范围内转化最为明显的景观类型是林地，以林地内部类型互转为主。2010—2015 年间灌木林转入为有林地 1963.07 公顷，占统计周期期间景观转移总面积的 65.78%；2015—2020 年间，其他林地转入为有林地 1776.59 公顷，占统计周期期间景观转移总面积的 43.30%，主要集中在地质公园狭长形范围内的西北部、中段东南部。研究区在申报世界地质公园成功后，按照地质公园的管理和保护要求，使得林地面积得到有效增加。

表4-3　研究区2010—2015年景观类型面积转移矩阵

		旱地	水田	果园	茶园	其他园地	有林地	灌木林地	其他林地	其他草地	采矿用地	建制镇	村庄	风景名胜用地	公路用地	农村道路用地	河流水面	坑塘水面	水库水面	内陆滩涂	沟渠	水工建筑	设施农用地	裸土地	合计(2010)
耕地	旱地	8089.	3.85	0.89	0	3.11	20.90	39.05	9.43	36.21	4.15	7.10	15.74	2.21	3.64	0.00	0.00	1.70	0.00	0.00	0.00	0.00	0.00	152.21	8389.20
	水田	2.86	3432.33	0.25	0	12.02	1.29	9.42	0.00	2.61	0.00	3.46	8.37	0.00	1.39	0.00	3.96	0.20	0.00	0.00	0.00	0.00	0.00	3.09	3481.24
园地	果园	0.00	0.00	482.62	0.00	0.00	0.00	0.00	0.00	0.00	0.00	0.00	0.20	0.00	0.00	0	0.00	0.00	0.00	0.00	0.00	0.00	0.00	0.00	482.82
	茶园	0.00	0.00	0.00	735.53	0.00	0.00	0.00	0.00	0.00	0.00	0.00	0.00	0.00	0.00	0	0.00	0.00	0.00	0.00	0.00	0.00	0.00	0.00	735.53
	其他园地	0.00	0.00	0.00	0.00	1540.44	1.12	0.00	0.00	0.00	0.00	0	4.32	0.00	0.00	0	0.00	0.00	0.00	0.00	0.00	0.00	0.00	0.00	1545.89
林地	有林地	24.01	15.00	7.12	3.94	0.61	33118.01	9.37	4.56	48.78	5.10	0	88.12	0.00	6.59	0.00	0.00	0.29	0.00	0.00	0.00	0.00	0.00	40.85	33372.36
	灌木林地	40.44	1.79	10.04	0.00	1.23	1963.07	26377.20	4.24	63.15	0.82	0	6.95	0.00	7.87	0.00	0.00	0.00	0.00	0.33	0.00	0.00	0.00	63.25	28540.38
	其他林地	3.60	0.11	0.00	0.00	0.00	0.31	4.74	6171.39	30.56	0.00	0	1.23	0.00	0.15	0.00	0.00	0.00	0.00	0.00	0.00	0.00	0.00	6.24	6218.34
草地	其他草地	3.51	0.00	0.00	0.00	0.00	2.68	0.49	0.00	2898.04	0.00	0	0.78	0.24	0.37	0.00	0.00	0.00	0.00	0.00	0.00	0.00	0.00	116.51	3022.63
工矿仓储用地	采矿用地	0.00	0.00	0.00	0.00	0.00	0.00	0.00	0.00	0.00	36.65	0	0.00	0.00	0.00	0.00	0.00	0.00	0.00	0.00	0.00	0.00	0.00	0.00	36.65
城镇村及工矿用地	建制镇	8.18	0.00	0.00	0.00	0.00	0.00	0.00	0.00	0.00	0.00	402.00	0.00	0.00	0.00	0.00	0.00	0.00	0.00	0.00	0.00	0.00	0.00	0.00	410.18
工矿用地	村庄	4.66	1.68	0.00	0.51	0.00	5.59	8.77	1.57	0.81	0.00	0.00	1400.08	0.00	0.00	0.00	0.00	0.15	0.00	0.00	0.00	0.00	0.38	1.18	1425.38
特殊用地	风景名胜用地	0.00	0.00	0.00	0.00	0.00	0.00	0.00	0.00	0.00	0.00	0.00	0.00	37.02	0.00	0.00	0.00	0.00	0.00	0.00	0.00	0.00	0.00	0.00	37.02

（续表）

	旱地	水田	果园	茶园	其他园地	有林地	灌木林地	其他林地	其他草地	采矿用地	建制镇	村庄	风景名胜用地	公路用地	农村道路	河流水面	坑塘水面	水库水面	内陆滩涂	沟渠	水工建筑	设施农用地	裸土地	合计(2010)
交通运输用地 公路用地	0.00	0.00	0.00	0.00	0.00	1.31	0.19	0.00	0.06	0.00	0.00	0.00	0.00	376.51	0.00	0.00	0.00	0.00	0.00	0.00	0.00	0.00	0.00	378.06
农村道路	0.00	0.00	0.00	0.00	0.00	0.00	0.00	0.00	0.00	0.00	0.00	0.00	0.00	0.00	8.37	0.00	0.00	0.00	0.00	0.00	0.00	0.00	0.00	8.37
水域水体 河流水面	0.00	0.00	0.00	0.00	0.00	0.00	0.00	0.00	0.00	0.00	0.00	0.00	0.00	0.00	0.00	302.54	0.00	0.00	0.00	0.00	0.00	0.00	0.00	302.54
坑塘水面	0.00	0.63	0.00	0.00	0.00	0.00	0.00	0.49	0.00	0.00	0.00	0.00	0.00	0.00	0.00	0.00	19.76	0.00	0.00	0.00	0.00	0.00	0.00	20.88
水库水面	0.00	0.00	0.00	0.00	0.00	0.00	0.00	0.00	0.00	0.00	0.00	0.00	0.00	0.00	0.00	0.00	0.00	23.42	0.00	0.00	0.00	0.00	0.00	23.42
内陆滩涂	0.00	0.00	0.00	0.00	0.00	0.00	0.00	0.00	0.00	0.00	0.00	0.00	0.00	0.00	0.00	0.00	0.00	0.00	11.85	0.00	0.00	0.00	0.00	11.85
沟渠	0.00	0.00	0.00	0	0.00	0.00	0.00	0.00	0.00	0.00	0.00	0.00	0.00	0.00	0.00	0.00	0.00	0.00	0.00	2.45	0.00	0.00	0.00	2.45
水工建筑	0.00	0.00	0.00	0	0.00	0.00	0.00	0.00	0.00	0.00	0.00	0.00	0.00	0.00	0.00	0.00	0.00	0.00	0.00	0.00	1.11	0.00	0.00	1.11
其他土地 设施农用地	0.00	0.00	0.00	0	0.00	0.00	0.00	0.00	0.00	0.00	0.00	0.00	0.00	0.00	0.00	0.00	0.00	0.00	0.00	0.00	0.00	2.10	0.00	2.10
裸土地	0.00	0.00	0.00	0.00	0.00	4.49	0.00	0.00	0.00	0.00	0.00	0.00	0.00	0.00	0.00	0.00	0.00	0.00	0.00	0.00	0.00	0.00	2095.87	2100.36
合计（2015）	8176.26	3455.39	500.92	739.98	1557.40	35118.77	2644.71	6191.18	3080.23	46.72	412.55	1525.78	39.48	396.53	8.37	306.50	22.10	23.42	12.18	2.45	1.11	2.48	2479.21	90548.76

表4-4 研究区2015—2020年景观类型面积转移矩阵

		旱地	水田	果园	茶园	其他园地	有林地	灌木林地	其他林地	其他草地	采矿用地	建制镇	村庄	风景名胜用地	公路用地	农村道路用地	河流水面	坑塘水面	内陆滩涂	水库水面	沟渠	水工建筑	设施农用地	裸土地	合计(2015)
耕地	旱地	7556.05	0.09	1.65	2.77	11.50	253.11	119.58	15.92	37.22	4.05	5.15	39.58	0.00	9.13	0.00	2.51	0.00	0.00	0.00	0.00	0.00	0.33	117.63	8176.26
	水田	1.25	3303.42	1.13	0.00	6.00	18.51	7.79	1.34	4.59	0.00	63.22	28.61	0.00	12.90	0.00	0.45	0.25	0.00	0.00	0.00	0.00	0.00	5.94	3455.39
园地	果园	0.00	0.00	472.22	0.00	0.00	12.41	5.02	0.00	0.00	0.00	0.00	9.56	0.00	0.71	0.00	0.00	1.01	0.00	0.00	0.00	0.00	0.00	0.00	500.92
	茶园	0.00	0.23	0.00	713.68	1.68	22.29	0.00	0.00	0.00	0.00	0.00	0.58	0.00	1.53	0.00	0.00	0.00	0.00	0.00	0.00	0.00	0.00	0.00	739.98
	其他园地	7.26	1.99	0.74	0.00	1496.54	49.09	1.01	0.00	0.00	0.00	0.00	0.53	0.00	0.25	0.00	0.00	0.00	0.00	0.00	0.00	0.00	0.00	0.00	1557.40
林地	有林地	53.48	5.39	9.87	3.04	4.98	34885.41	25.18	1.67	48.91	1.61	0.00	12.96	0.00	43.37	0.00	0.00	0.00	0.00	0.00	0.00	0.00	0.00	22.92	35118.77
	灌木林地	44.55	25.91	0.00	0.00	0.00	370.17	2421.19	0.00	365.15	20.19	0.06	17.63	0.00	24.13	0.00	0.00	0.36	0.00	0.00	0.00	0.00	0.00	160.32	26449.66
	其他林地	5.81	1.15	0.00	0.00	0.00	1776.59	0.00	4387.53	0.00	6.03	0.00	5.76	0.00	5.99	0.00	0.00	0.00	0.00	0.00	0.00	0.00	0.00	2.32	6191.18
草地	其他草地	0.07	0.00	0.00	0.00	0.00	77.82	1.31	0.00	2983.58	0.00	0.42	1.73	0.00	4.29	0.00	0.00	0.00	0.00	0.00	0.00	0.00	0.00	11.00	3080.23
工矿仓储用地	采矿用地	0.00	0.00	0.00	0.00	0.00	0.00	0.00	0.00	0.00	46.72	0.00	0.00	0.00	0.00	0.00	0.00	0.00	0.00	0.00	0.00	0.00	0.00	0.00	46.72
城镇村及工矿用地	建制镇	0.57	0.22	0.00	0.00	0.00	0.00	0.00	0.00	0.00	0.00	411.77	0.00	0.00	0.00	0.00	0.00	0.00	0.00	0.00	0.00	0.00	0.00	0.00	412.55
	村庄	4.69	1.89	0.75	0.88	0.29	7.75	4.42	0.00	0.00	0.00	0.00	1504.32	0.00	0.44	0.00	0.00	0.00	0.00	0.00	0.00	0.00	0.00	0.35	1525.78

（续表）

（2020）	旱地	水田	果园	茶园	其他园地	有林地	灌木林地	其他林地	其他草地	采矿用地	建制镇	村庄	风景名胜用地	公路用地	农村道路	河流水面	坑塘水面	水库水面	内陆滩涂	沟渠	水工建筑	设施农用地	裸土地	合计（2015）
风景名胜用地（特殊用地）	0.00	0.00	0.00	0.00	0.00	0.00	1.91	0.00	0.00	0.00	0.00	0.00	37.57	0.00	0.00	0.00	0.00	0.00	0.00	0.00	0.00	0.00	0.00	39.48
公路用地（交通运输用地）	0.00	0.00	0.00	0.00	0.00	0.00	0.00	0.00	0.00	0.00	0.00	0.00	0.00	396.53	0.00	0.00	0.00	0.00	0.00	0.00	0.00	0.00	0.00	396.53
农村道路	0.00	0.00	0.00	0.00	0.00	0.00	0.00	0.00	0.00	0.00	0.00	0.00	0.00	0.00	8.37	0.00	0.00	0.00	0.00	0.00	0.00	0.00	0.00	8.37
河流水面	2.82	5.27	0.00	0.00	0.00	0.00	1.86	0.00	0.00	0.00	0.00	0.00	0.00	0.00	0.00	296.56	0.00	0.00	0.00	0.00	0.00	0.00	0.00	306.50
坑塘水面	0.00	0.00	0.00	0.00	0.00	0.00	0.00	0.00	0.00	0.00	0.00	0.00	0.00	0.00	0.11	0.00	21.99	0.00	0.00	0.00	0.00	0.00	0.00	22.10
水库水面	0.00	0.00	0.00	0.00	0.00	0.00	0.00	0.00	0.00	0.00	0.00	0.00	0.00	0.00	0.00	0.00	0.00	23.42	0.00	0.00	0.00	0.00	0.00	23.42
内陆滩涂	0.00	0.00	0.00	0.00	0.00	0.00	0.00	0.00	0.00	0.00	0.00	0.00	0.00	0.00	0.00	0.00	0.00	0.00	12.18	0.00	0.00	0.00	0.00	12.18
沟渠	0.00	0.00	0.00	0.00	0.00	0.00	0.00	0.00	0.00	0.00	0.00	0.00	0.00	0.00	0.00	0.00	0.00	0.00	0.00	2.45	0.00	0.00	0.00	2.45
水工建筑	0.00	0.00	0.00	0.00	0.00	0.00	0.00	0.00	0.00	0.00	0.00	0.00	0.00	0.00	0.00	0.00	0.00	0.00	0.00	0.00	1.11	0.00	0.00	1.11
设施农用地（其他土地）	0.00	0.00	0.00	0.00	0.00	0.00	0.00	0.00	0.00	0.00	0.00	0.00	0.00	0.00	0.00	0.00	0.00	0.00	0.00	0.00	0.00	2.48	0.00	2.48
裸土地	3.73	0.74	0.00	0.00	0.00	0.23	4.26	0.00	1.08	5.94	0.00	0.51	0.00	0.00	0.00	0.00	0.00	0.00	0.00	0.00	0.00	2.53	2460.17	2479.21
合计（2020）	7680.26	3346.31	486.34	720.37	1520.98	37473.37	25593.55	4407.55	3445.39	78.61	480.62	1621.77	37.57	499.26	8.48	299.52	23.62	23.42	12.18	2.45	1.11	5.33	2780.65	90548.71

4.4 景观格局变化分析

4.4.1 景观水平格局指数变化分析

结合乐业—凤山世界地质公园的特点，本研究选取 Shannon 多样性指数（SHDI）、Shannon 均匀度指数（SHEI）、景观连通度指数（CONNECT）、内聚力指数（COHESION）、景观蔓延度（CONTAG）、斑块聚合度指数（AI）、斑块形状指数（LSI）共 7 个指标，从景观整体的多样性、连通性、形状复杂性和聚散性 4 个角度的格局变化进行分析。各景观水平格局指数的含义和计算公式见表 4-5。

表 4-5　景观水平格局指数表

类型	景观指数	公式与描述	含义
形状指数	斑块形状指数（LSI）	$$LSI = \frac{0.25E}{\sqrt{A}}$$ 式中，E 为景观中所有斑块边界的总长度，A 为景观总面积	表征某斑块类型形状的复杂程度，LSI 值越大，景观的形状越不规则，边界越复杂
景观连通度	景观连通度指数（CONNECT）	$$CONNECT = \frac{\sum_{i=1}^{n}\sum_{j=1}^{n}C_{ijs}}{\sum_{i=1}^{m}\left(\frac{n_i(n_i-1)}{2}\right)} \cdot 100$$	指景观促整体斑块之间的连接性和连接程度，反映景观的功能特征
	内聚力指数（COHESION）	$$COHESION = \frac{\sum_{i=1}^{m}\sum_{j=1}^{n}P_{ij}}{\sum_{i=1}^{m}\sum_{j=1}^{n}P_{ij}\cdot\sqrt{\alpha_{ij}}} \cdot (1-\frac{1}{\sqrt{A}})^{-1}\cdot 100$$	反映景观水平上度量各景观类型的物理连接度

（续表）

类型	景观指数	公式与描述	含义
景观蔓延度和聚散性指标	景观蔓延度指数（CONTAG）	$CONTAG=$ $$\left[1+\frac{\sum\limits_{i=1}^{m}\sum\limits_{k=1}^{m}\left[(P_i)\left(\dfrac{g_{ik}}{\sum\limits_{i}^{m}g_{ik}}\right)\right]\left[\ln(P_i)\left(\dfrac{g_{ik}}{\sum\limits_{i}^{m}g_{ik}}\right)\right]}{2\ln(m)}\right](100)$$ 式中：P_i—i类型斑块所占的面积百分比；g_{ik}—i类型斑块和k类型斑块相邻的数目；m—为景观中的斑块类型总数目	描述景观斑块类型的团聚程度或延展趋势。数值越大，表明景观中的优势斑块类型连接程度越好。反之，则表明景观是具有多种要素的散布格局，景观的破碎化程度较高
	聚合度指数（AI）	$$AI=\left[\frac{g_{ii}}{\max\to g_{ii}}\right](100)$$ 式中：g_{ii}——相应景观类型的相似邻接斑块数量AI，基于同类型斑块像元间公共边界长度来计算	景观中不同斑块类型的非随机性或聚集程度
景观多样性指数	香农多样性指数（SHDI）	$$SHDI=-\sum_{i=1}^{m}(P_i\ln P_i)$$ 式中：P_i——景观斑块类型i所占据的比率	反映景观异质性。衡量景观系统复杂和破碎程度
	香农均度指数（SHEI）	$$SHEI=\frac{-\sum\limits_{i=1}^{m}(P_i\ln P_i)}{\ln m}$$	揭示景观中不同生态系统的分配均匀程度，可以反映出景观受到一种或少数几种优势拼块类型所支配程度

1. 多样性指数变化分析

Shannon 多样性指数是反映景观异质性的重要指标，用于比较和分析不同景观或同一景观在不同时期的多样性与异质性变化情况。当 SHDI=0 时，表明整体景观由一个景观斑块组成；当 SHDI 值增大时，表明斑块类型增加，人为开发影响越大，景观破碎化程度越高。由表 4-6、图 4-2 可以看出，2010—2020 年间，研究区整体 SHDI 呈现下降趋势，从 2010 年的 1.8863 下降到 1.7314，表明研究区景观类型丰富度下降；同时，可以看到研究区 Shannon 均匀度指数（SHEI）与 Shannon 多样性指数（SHDI）变化趋势一致，呈现逐年下降趋势，从 2010 年的 0.6015 下降到 0.5448，表明 10 年间研究区的整个景观破碎化程度持续减弱，且趋于稳定，受益于地方政府通过积极申报世界地质公园，开展了一系列科学规划和保护措施，地质公园生态环境和地质遗迹景观得到良好的保护和良性发展，使林地等自然覆被景观一直处于优势水平。研究区在一种或少数几种优势景观类型所支配的情况下，比较好地维持了地质公园的原生性和完整性。

表 4-6　景观水平格局指数表

年份	景观多样性		景观连通性		聚散性		景观形状复杂性	
	多样性指数 SHDI	均匀度指数 SHEI	连通度指数 CONNECT	内聚力指数 COHESION	蔓延度指数 CONTAG	聚合度 AI	分维数 D	景观形状指数 LSI
2010	1.8863	0.6015	0.0756	99.7291	70.1339	98.0306	1.3055	0.1063
2015	1.7541	0.5594	0.076	99.7227	69.9154	97.9349	1.3027	0.1125
2020	1.7314	0.5448	0.0784	99.7325	70.2403	97.9824	1.2975	0.1175

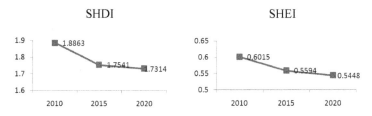

图 4-2　2010—2020 年研究区景观多样性（SHDI）与均匀度指数（SHEI）变化对比图

2. 景观连通度指数变化分析

连通度指数是分析各斑块之间连续分布状态的重要指标。由图 4-3-a 和 4-3-b 可以看出，2010—2020 年，景观斑块的内聚力指数（COHESION）维持在 98 左右，表明景观斑块内部的连接性和聚集程度较高。从变化趋势分析，2010—2020 年间，研究区内景观斑块的内聚力指数（COHESION）和景观连通度指数（CONNECT）均呈先下降后上升的趋势。10 年间，村庄、内陆滩涂、沟渠、水工建筑、设施农用地内聚力指数（COHESION）均低于平均值 98，数据说明这几类景观的景观连通度小，主要原因是 2010—2015 年间城镇村经济社会发展对农用地和水利设施建设力度增大，导致景观斑块破碎度大，斑块散布，影响原有景观内部的聚集度。

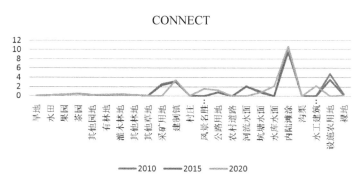

图 4-3-a 2010—2020 年连通度指数（CONNECT）变化分析图

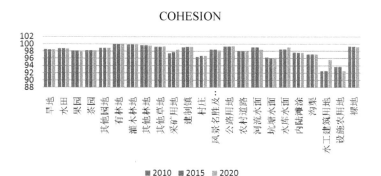

图 4-3-b 2010—2020 年内聚力指数（COHESION）变化分析图

3. 景观斑块形状指数（LSI）变化分析

斑块形状指数是反映景观类型的复杂性，衡量景观斑块结构、组成和区域生物多样性重要评价指标。当 LSI 值越大时，形状越为复杂，越趋近于 1，说明景观斑块形状越规则，且接近于正方形。2010—2020 年，研究区整体的景观斑块形状指数（LSI）整体呈上升趋势，说明研究区整体的景观边界形状复杂程度与破碎程度都有所增加。

10 年期间，公路用地、旱地、村庄、有林地、水田等景观的性质指数较大，数据表明这几个斑块形状相对复杂。从各个景观类型角度分析，由图 4-4、表 4-7 可以看出，2010 年形状指数（LSI）从大到小分别是：公路用地＞旱地＞村庄＞有林地＞水田＞灌木林地＞其他草地＞河流水面＞其他林地＞其他园地＞裸地＞茶园＞果园＞建制镇＞坑塘水面＞沟渠＞农村道路＞采矿用地＞水库水面＞内陆滩涂＞风景名胜及特殊用地＞设施农用地水工建筑；到 2020 年，形状指数（LSI）变化为：公路用地＞旱地＞村庄＞有林地＞水田＞灌木林地＞裸地＞其他草地＞水库水面＞其他园地＞其他林地＞茶园＞果园＞建制镇＞坑塘水面＞沟渠农村道路＞风景名胜及特殊用地＞内陆滩涂＞采矿用地＞水工建筑＞河流水面＞设施农用地。

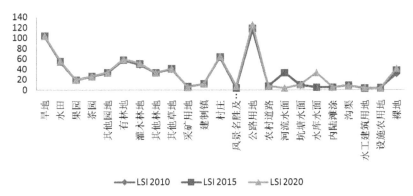

图 4-4　2010—2020 年景观形状指数（LSI）变化分析图

表 4-7　2010—2020 年景观形状指数（LSI）分析表

景观类型	景观格局指数（LSI）		
	2010年	2015年	2020年
旱地	102.94	103.77	103.71
水田	54.29	54.93	55.94
果园	18.65	19.16	19.33
茶园	25.85	25.87	26.25
其他园地	32.24	32.74	33.2
有林地	57.16	57.65	58.91
灌木林地	48.34	49.99	51.38
其他林地	32.61	33.11	32.69
其他草地	39.46	40.45	40.92
采矿用地	6.08	6.12	4.91
建制镇	11.38	11.47	11.56
村庄	63.59	63.53	65.01
风景名胜及特殊用地	3.5	3.89	7.23
公路用地	116.28	118.72	125.95
农村道路	7.28	7.28	7.32
河流水面	33.23	33.3	3.65
坑塘水面	8.94	9.59	9.72
水库水面	4.91	4.91	33.67
内陆滩涂	4.76	5	5
沟渠	8.22	8.22	8.22
水工建筑	2.76	2.76	3.92
设施农用地	3.19	3.49	2.76
裸地	31.29	37.36	41.32

值得注意的是，河流水面的（LSI）减少幅度最大，变化趋势最为明显，景观状态趋于稳定；而水库水面的（LSI）增加趋势提升，景观状态变动趋势加剧，主要原因是以布柳河为主的地面水系，是研究区重要的水源保护资源，在生产生活和旅游资源开发当中具有重要地位。

近年来各级政府对水源生态保护力度加大，同时结合水库设施的建设，有效地保护了核心区域河流水面的生态环境，水域景观形状趋于规则化发展，复杂程度和破碎化程度降低。

4.景观整体聚散性指数变化分析

蔓延度指数（CONTAG）和聚合度指数（AI）是分析景观整体聚散性、团聚程度或延展趋势的重要指标。从图4-5可以看出，2010—2020年间，研究区的蔓延度指数（CONTAG）值维持在70左右，上下浮动变化较小。2010—2020年，蔓延度指数（CONTAG）和斑块聚合度指数（AI）总体呈先减少后增加的趋势。2010—2015年间，CONTAG和AI指数小幅减少，数值表明研究区部分景观斑块连接程度有所降低，景观比较破碎，小斑块较多，且主要受到少数几种大的景观类型（主要是林地、耕地等）控制。变化趋势也反映了该时期的土地利用和旅游开发对景观的影响，如道路修建、城镇村建设用地的增加、旅游基础设施的建设等，对原有林地、耕地和草地等景观的改变，使景观整体呈现破碎化发展趋势。2015—2020年间，CONTAG和AI指数小幅增加，表明区域景观斑块间的空间关系发生变化，上阶段的建设和地质公园保护的效应，使景观斑块区域稳定，斑块内部之间的连通性与聚集程度均有所增加，相互产生的经济效益和生态效益逐渐恢复。

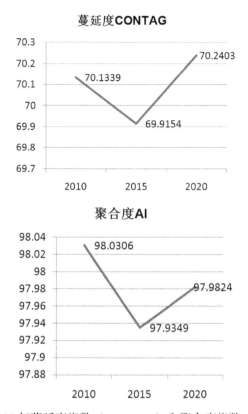

图 4-5 2010—2020 年蔓延度指数（CONTAG）和聚合度指数（AI）变化对比图

4.4.2 类型水平景观格局指数变化分析

除了从研究区整体景观的角度对景观格局变化情况进行分析外，还需对各景观类型的格局变化进行微观分析。本研究选取了斑块类型数量（NP）、斑块密度指数（PD）、边缘密度指数（ED）、最大斑块指数（LPI）、分维数（FRAC）、景观分离度指数（DIVISION）、平均几何最近邻指数共 7 个景观指数，见表 4-8。对研究区各景观类型：耕地、林地、建设用地、水域和其他用地的景观格局变化进行分析，研究区 2010—2020 类型水平景观格局指数分析见表 4-9。

表 4-8　类型水平景观格局指数表

类型	景观指数	公式与描述	含义
密度大小与差异指标	斑块类型数量（NP）	NP	斑块数量
	斑块密度指数（PD）	$PD = N_i / A$ 式中：N_i—第 i 类景观要素的总面积；A—所有景观的总面积；N—斑块数量	表达的是单位面积上的斑块数，有利于不同大小景观间的比较
	边缘密度指数（ED）	$ED = \dfrac{E}{A} 10^6$	揭示某类型景观被边界分割程度，反映景观破碎化程度
斑块形状指标	最大斑块指数（LPI）	$LPI = \dfrac{Max(a_1, \ldots, a_n)}{A} *100$	指某一类型的最大斑块在整个景观中所占比例，反映区域景观中优势程度
	分维数（FRAC）	$D = 21(P/4)/\ln(A)$ 式中：FRAC表示分维数；P为斑块周长；A为斑块面积。FRAC值越大，表明斑块形状越复杂；FRAC值的理论范围为1.0～2.0，1.0代表形状最简单的正方形斑块，2.0表示等面积下周边最复杂的斑块	揭示在一定观测尺度上某类景观类型斑块形状的复杂程度
离散型指标	景观分离度指数（DIVISION）	$1 - \sum_{j=1}^{n} \dfrac{a_j}{TA} \vdots \vdots^2$	指某一景观类型中斑块个体分布的分离程度。衡量某种类型景观斑块个体分布的离散程度，侧重景观内部
	平均几何最近邻指数（ENN_MN）	$ENN = h_i$	指从中心斑块到与它最近的同类斑块之间的直线距离。ENN值大，反映出同类型拼块间相隔距离远，分布较离散，干扰大；反之，说明同类型拼块间相距近，呈团聚分布

表4-9 研究区2010—2020类型水平景观格局指数分析表

指数	年份	旱地	水田	果园	茶园	其他园地	有林地	灌木林地	其他林地	其他草地	采矿用地	建制镇	村庄	风景名胜及特殊用地	公路用地	农村道路	河流水面	坑塘水面	水库水面	内陆滩涂	沟渠	水工建筑用地	设施农用地	裸地
NP	2010	3091	1002	186	299	369	674	628	335	513	18	53	1970	10	57	3	50	37	4	7	2	4	7	302
	2015	3240	1024	191	302	375	692	680	350	555	19	52	2048	11	61	3	51	42	4	8	2	4	8	464
	2020	3316	1053	195	308	376	697	725	364	578	4	53	2200	26	50	3	10	43	51	8	2	10	4	562
PD	2010	3.41	1.11	0.21	0.33	0.41	0.74	0.69	0.37	0.57	0.02	0.06	2.18	0.01	0.06	0.00	0.06	0.04	0.00	0.01	0.00	0.00	0.01	0.33
	2015	3.58	1.13	0.21	0.33	0.41	0.76	0.75	0.39	0.61	0.02	0.06	2.26	0.01	0.07	0.00	0.06	0.05	0.00	0.01	0.00	0.00	0.01	0.51
	2020	3.66	1.16	0.22	0.34	0.42	0.77	0.80	0.40	0.64	0.00	0.06	2.43	0.03	0.06	0.00	0.01	0.05	0.06	0.01	0.00	0.01	0.00	0.62
ED	2010	41.37	13.95	1.76	3.07	5.49	44.60	35.15	11.05	9.43	0.16	0.98	10.52	0.09	9.98	0.09	2.52	0.18	0.10	0.07	0.06	0.01	0.02	6.29
	2015	41.18	14.05	1.85	3.08	5.60	46.17	35.05	11.20	9.76	0.18	0.99	10.87	0.11	10.44	0.09	2.55	0.20	0.10	0.08	0.06	0.01	0.02	8.16
	2020	39.90	14.10	1.84	3.08	5.61	48.62	35.48	9.46	10.44	0.10	1.07	11.47	0.28	12.42	0.09	0.10	0.21	2.55	0.08	0.06	0.04	0.01	9.55
ENN_MN	2010	89.63	105.42	457.92	116.47	212.57	91.95	125.89	303.34	319.05	1230.98	598.69	142.30	5400.89	535.52	4732.21	878.95	2108.52	2431.12	2460.35	15243.58	20637.17	5406.44	327.65
	2015	89.23	103.78	498.92	115.96	214.23	87.90	122.46	299.83	299.01	990.42	616.82	138.12	6014.11	443.52	4732.21	861.59	1788.44	2431.12	987.14	15243.58	20637.17	2555.37	261.15
	2020	90.29	103.30	503.38	116.01	213.09	83.36	118.37	299.98	295.37	2143.12	679.63	130.58	1306.48	402.39	4696.51	3957.94	1818.38	861.59	987.14	15243.58	2842.58	20637.17	251.30
DIVISION	2010	1.00	1.00	1.00	1.00	1.00	0.99	1.00	1.00	1.00	1.00	1.00	1.00	1.00	1.00	1.00	1.00	1.00	1.00	1.00	1.00	1.00	1.00	1.00
	2015	1.00	1.00	1.00	1.00	1.00	0.99	1.00	1.00	1.00	1.00	1.00	1.00	1.00	1.00	1.00	1.00	1.00	1.00	1.00	1.00	1.00	1.00	1.00
	2020	1.00	1.00	1.00	1.00	1.00	0.99	1.00	1.00	1.00	1.00	1.00	1.00	1.00	1.00	1.00	1.00	1.00	1.00	1.00	1.00	1.00	1.00	1.00
FRACT	2010	1.36	1.26	1.18	1.29	1.27	1.28	1.23	1.24	1.25	1.23	1.22	1.27	1.13	2.04	1.24	1.53	1.49	1.47	1.24	1.23	1.11	1.14	1.26
	2015	1.35	1.26	1.18	1.29	1.27	1.27	1.23	1.24	1.25	1.21	1.23	1.27	1.15	2.11	1.21	1.53	1.49	1.51	1.25	1.25	1.12	1.14	1.25
	2020	1.34	1.26	1.19	1.30	1.27	1.27	1.23	1.23	1.25	1.22	1.20	1.27	1.18	2.02	1.12	1.15	1.49	1.53	1.25	1.25	1.25	1.21	1.26
LPI	2010	0.67	0.13	0.06	0.04	0.15	5.94	3.79	0.63	0.44	0.01	0.08	0.02	0.02	0.10	0.09	0.09	0.01	0.01	0.01	0.00	0.00	0.00	0.30
	2015	0.67	0.13	0.06	0.04	0.15	5.96	3.28	0.63	0.44	0.01	0.08	0.08	0.02	0.10	0.09	0.09	0.01	0.01	0.01	0.00	0.00	0.00	0.30
	2020	0.67	0.11	0.06	0.04	0.15	6.17	2.80	0.63	0.44	0.01	0.08	0.08	0.02	0.12	0.09	0.09	0.01	0.09	0.01	0.00	0.00	0.00	0.30

1. 景观斑块密度与差异指数变化分析

从图 4-6-a、图 4-6-b 和图 4-6-c 可以看出，研究区 2010—2020 年景观斑块类型数量（NP）呈递增趋势，3 期研究时间点上的 NP 总值分别为 9621、10186、10638，表明整体景观破碎化程度加深。10a 期间，旱地、村庄和水田的 NP 值较为稳定，分列前三。数据说明研究区域内，旱地、村庄和水田的破碎化程度较其他景观类型明显，分布也较为分散，主要受限于研究区独特的喀斯特地貌和原住民的居住区的条件，适宜作为农业耕种的景观地块呈分散斑块状分布，主要集中在以建制镇、村庄人口集聚的区域。NP 值变化值增量最大的前三个景观地类分别是裸地、村庄和旱地，主要集中在临近县城和周边村庄区域，受经济社会发展影响，景观斑块类型数量增加。

值得注意的是，采矿用地、河流水面、公路用地、设施农用地 NP 值下降，说明地方政府按照地质公园保护管理规划和旅游规划中的相关要求进行旅游开发活动的情况比较乐观。研究期间研究区的斑块密度（PD）和边缘密度（ED）整体增加的动态过程，表明 2010—2015 期间，研究区域生态环境和变化越来越活跃。2015 年至 2020 年期间，研究区生态过程逐渐趋于稳定。同类型斑块数量增加，同时也反映了有益于该物种生存，对维持景观的结构和流的安全及斑块内物种长期生存起到了积极作用。

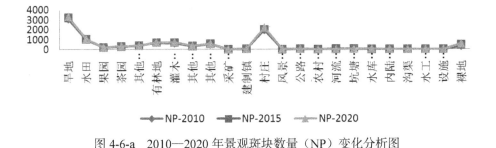

图 4-6-a 2010—2020 年景观斑块数量（NP）变化分析图

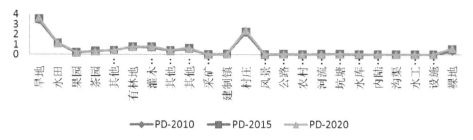

图 4-6-b　2010—2020 年景观斑块密度（PD）变化分析图

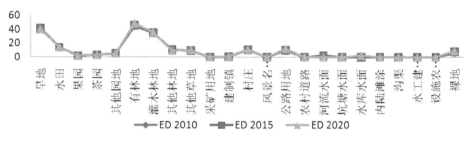

图 4-6-c　2010—2020 年景观斑块边缘密度（ED）变化分析图

2. 最大斑块指数（LPI）变化分析

由图 4-7-a 和图 4-7-b 及表 4-10 分析结果可以看出，2010—2020 年，研究区域内林地（有林地、灌木林）最大斑块（LPI）指数最大，说明林地景观面积和优势程度高，是整个区域的主导要景观地类。10 年间，LPI 由大到小分别是：有林地＞灌木林地＞旱地＞其他林地＞其他草地＞裸地＞其他园地＞水田＞公路用地＞河流水面＞建制镇＞果园＞茶园＞风景名胜＞村庄＞水库水面＞采矿用地＞内陆滩涂＞坑塘水面＞农村道路＞沟渠＞设施农用地＞水工建筑用地。

从变化趋势分析，林地的 LPI 指数变化相对明显，与上述的景观面积转移矩阵数据吻合，是内部转移面积最大的景观地类，说明在地质公园保护和人为影响因素控制方面措施到位，景观生态得到良好的保护。

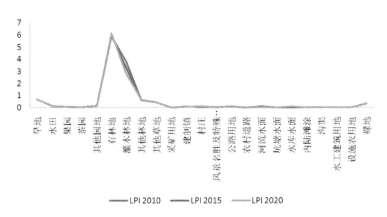

图 4-7-a　2010—2020 年最大斑块指数（LPI）变化趋势图

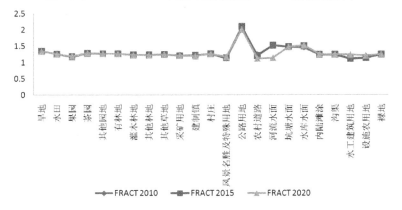

图 4-7-b　2010—2020 年最大斑块指数（LPI）和分维数（FRAC）变化趋势分析图

表 4-10　2010—2020 年最大斑块指数（LPI）和分维数（FRAC）指数分析表

景观类型	景观格局指数					
	LPI			FRAC		
	2010年	2015年	2020年	2010年	2015年	2020年
旱地	0.6716	0.6692	0.6670	1.3569	1.3481	1.3433
水田	0.1304	0.1278	0.1108	1.2645	1.2638	1.2629
果园	0.0555	0.0555	0.0555	1.1764	1.1849	1.1936
茶园	0.0427	0.0427	0.0427	1.2875	1.2866	1.295
其他园地	0.1463	0.1463	0.1463	1.2670	1.2688	1.2722
有林地	5.9386	5.9634	6.1652	1.2769	1.2716	1.2659
灌木林地	3.7871	3.2763	2.7950	1.2337	1.2349	1.2308
其他林地	0.6278	0.6281	0.6294	1.2376	1.2386	1.2265
其他草地	0.4377	0.4377	0.4377	1.2452	1.2477	1.2514

景观类型	景观格局指数					
	LPI			FRAC		
	2010年	2015年	2020年	2010年	2015年	2020年
采矿用地	0.0102	0.0102	0.0105	1.2286	1.2103	1.2156
建制镇	0.0836	0.0759	0.0759	1.2212	1.2250	1.1969
村庄	0.0163	0.0803	0.0803	1.2737	1.2702	1.2654
风景名胜及特殊	0.0232	0.0232	0.0156	1.1277	1.1451	1.1758
公路用地	0.0988	0.1017	0.1208	2.0402	2.1096	2.0204
农村道路	0.0060	0.0060	0.0060	1.2387	1.2143	1.1237
河流水面	0.0944	0.0944	0.0232	1.5312	1.5298	1.1485
坑塘水面	0.0063	0.0063	0.0063	1.4911	1.4909	1.4855
水库水面	0.0105	0.0105	0.0867	1.4691	1.5069	1.5318
内陆滩涂	0.0067	0.0067	0.0067	1.2403	1.2510	1.2545
沟渠	0.0024	0.0024	0.0024	1.2346	1.2486	1.2521
水工建筑用地	0.0006	0.0006	0.0028	1.1146	1.1235	1.2459
设施农用地	0.0011	0.0011	0.0006	1.1372	1.1443	1.2146
裸地	0.3042	0.3042	0.3042	1.2564	1.2508	1.2554

3. 斑块离散型指标

平均几何最邻近距离（ENN_MN）是指反映同类型斑块之间的邻近程度和景观破碎度。当 ENN_MN 值越小，同类型斑块间离散程度越高、景观破碎程度越高；当 ENN_MN 值越大，同类型斑块间邻近度越高，景观连接性越好。

从图 4-8 可以看出，2010—2020 年，ENN_MN 指数值最大的是水工建筑用地、水库水面、采矿用地、沟渠、设施农用地和风景名胜用地；从变化幅度来分析，ENN_MN 变化较大的也是水工建筑用地、水库水面、采矿用地、沟渠、设施农用地和风景名胜用地，基本都是建设用地，也反映了 10 年间建设用地的内部交通基础设施的完善和集约化用地，各斑块之间的邻近度较高；反观其他耕地、林地、园地等地类，受限于自然条件和地形地貌的影响，破碎化程度较高，同一种类型的景观斑块之间连接性较低。

值得注意的是，采矿用地、河流水面和设施农用地，ENN_MN 值增加幅度较大，原因是研究区范围内涵盖了建制镇和村庄，经济社会发展对建设用地需求的增长，该类型斑块内部件间邻近度提高，景观连接性提升。风景名胜及特殊用地、河流水面、水库水面和水工建筑 ENN_MN 值下降幅度较大，数字表明水域 / 水体的景观斑块内部之间离散程度、景观破碎程度提高，与上述的 NP、ND 和 ED 值变化趋势一致，同时也表明研究区实施地质公园保护和旅游规划开以来，采取有效措施对水域 / 水体和风景名胜用地进行科学合理开发利用，生态环境得到优化。

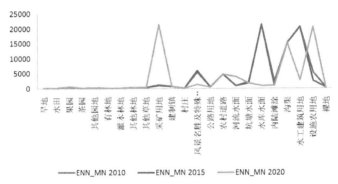

图 4-8 2010—2020 年平均几何最邻近距离（ENN_MN）变化趋势分析图

4.5 本章小结

本章利用遥感解译数据，通过景观格局指数和生态风险评价模型对研究区景观格局时空变化进行分析，选取了 Shannon 多样性指数（SHDI）、Shannon 均匀度指数（SHEI）、景观连通度指数（CONNECT）、内聚力指数（COHESION）、景观蔓延度（CONTAG）进行分析并得到如下结论。

（1）鉴于地质公园的独特性，参照国家土地分类、结合研究区地形地貌、水文特征和植物群落分布，提取耕地、园地、林地、草地、工矿用地、特殊用地、交通运输用地、水域及水利设施用地、其他用地、城镇村用地共 10 个一级景观类型，23 个二级地类景观类型，作为地质公园景观格局空间变化分析的基础。

（2）通过分析景观整体面积和结构组成，发现地质公园景观类型以林地为主，分布优势明显，覆盖地质公园大部分；耕地、园地以块状形式集中分布在研西北和中部地区；建设用地主要以研究区乐业县、凤山县城及周边地区为主；水域以地表水面为主，分布在研究区中部地区，以布柳河区域为集中区域；未利用地零星分布。

（3）选取 Shannon 多样性指数（SHDI）、Shannon 均匀度指数（SHEI）、景观连通度指数（CONNECT）、内聚力指数（COHESION）、景观蔓延度指数（CONTAG）、斑块聚合度指数（AI）、斑块形状指数（LSI）共 7 个指标，从景观整体的多样性、联动性、形状复杂性和聚散性 4 个角度对地质公园景观整体水平格局变化进行分析，优势景观支配态势未发生改变，建设用地和其他人为因素影响得到科学管控，景观整体均衡性和连通性得到保障，较好地维持了地质公园的原生性和完整性。

（4）在景观类型尺度上，河流水面、水库水面和水域的景观指数变化较为活跃，2010—2020 年在地质公园科学规划和保护下，林地、水域、草地等破碎化程度降低，农用地、建制镇和村庄用地、水工建筑等在经济社会发展的推动下，斑块数量和密度增加，对地质公园整体景观破碎化村庄存在一定程度的影响。

第 5 章　研究区景观生态风险评价

5.1　研究方法

5.1.1　评价单元采集

本研究利用 ArcGIS 10.6，结合研究区的实际，按照研究区景观斑块平均面积 2 ～ 5 倍进行网格化处理（苏海民，2010）。设定生态风险评价单元，具体采用 0.6km×0.6km 的单元网格在研究区范围内采样，共采集评价单元 2799 个；针对每一生态风险评价采样单元样本，分别进行的生态风险指数值计算，并以此作为评价单元中心点的生态风险水平，形成生态风险评价空间插值分析的样本。

5.1.2　生态风险评价体系构建

1. 景观风险指数

选取景观破碎度、景观分离度和景观优势度建立景观干扰指数，结合景观敏感度指数建立景观损失指数，并最终计算景观生态风险指数。其计算公式为

$$\mathrm{ERI}_k = \sum_{i=1}^{m} \frac{A_{ki}}{A_k} \cdot LL_i \tag{5-1}$$

式中：ERI_k 为第 k 个采样区的景观生态风险指数；LL_i 为景观生态损失指数；A_{ki} 为采样区面积；A_k 为第 k 个采样区面积；m 为采样区网格单

元内景观类型数目；i 为农地、林地、水体、建设用地和其他用地（5 种景观类型）。

2. 景观干扰度指数

不同的景观类型，对外界干扰所反映出来的敏感性和抵抗力有所不同。景观敏感度指数（S_i），是反映不同景观在不同生态系统中易损性的指标，用来表征各种景观类型对外界干扰的敏感性和脆弱性。S_i 指数与研究区生态系统在自然景观演化过程中所处的时期和状况存在相关性，景观演化阶段越初级，敏感度、脆弱程度就越高。为了避免或减少归一化处理法通过直接赋值的主观性，本研究利用 AHP 法确定研究区 5 种景观类型的脆弱性指数，未利用地、水域、耕地、林地和建设用地的景观脆弱性指数分别为：0.399、0.270、0.186、0.084、0.061，计算公式为

$$LL_I = 10 \times U_i \cdot S_i \qquad (5\text{-}2)$$

式中：U_i 为景观干扰指数；S_i 为景观敏感度指数。结合研究区景观分类的实际情况，按敏感性高低对 5 类景观类型的 S_i 分别赋值。其中，水体为 5，农地为 4，林地为 3，其他用地为 2，建设用地为 1，归一化后得到各景观类型的敏感度指数，分别为 0.333，0.267，0.2，0.133，0.067。

3. 景观结构指数

景观结构指数是反映不同景观类型所代表的生态系统受到外界因素干扰的程度，景观生态风险指数和景观干扰度指数存在正相关关系。本研究选取景观破碎度指数（C_i）、景观分离度指数（F_i）和景观优势度指数（D_i），作为评价指标构建干扰度指数 U_i，计算公式为

$$U_i = a \cdot C_i + b \cdot F_i + c \cdot D_i \qquad (5\text{-}3)$$

式中，C_i 为景观破碎度；F_i 为景观分离度；D_i 为景观优势度；a、b 和 c 分别为破碎度、分离度和优势度的权重，对其分别赋值为 0.3、0.2 和 0.5。（在表格中 $N_i=F_i$ 为景观分离度）（张学斌等，2014)，见表5-1。

表 5-1　生态风险景观格局指标

景观指数	计算公式	生态含义
景观破碎度指数C_i	$C_i=\dfrac{n_i}{A}$ 式中：n_i 为景观类型 i 的斑块数；A_i 为景观类型 i 的面积	破碎度表征景观被分割的破碎程度，反映景观空间结构的复杂性，在一定程度上反映了人类对景观的干扰程度
景观分离度指数F_i	$F_i=\dfrac{1}{2}\sqrt{\dfrac{n_i}{A}\times\dfrac{A}{A_i}}$ 式中：n_i 为景观类型 i 的斑块数；A_i 为景观类型 i 的面积，A 为景观总面积	景观分离度是表述某一景观类型中斑块个体分布的分离程度。分离程度越大，表明景观在地域分布上越分散，景观分布越复杂，破碎化程度也越高
景观优势度指数D_i	$D_i=H_{max}+\displaystyle\sum_{i=1}^{N}(P_i\times\ln(P_i))$ 式中：$H_{max}=\ln(N)$，为景观多样性最大值；P_i 为景观类型 i 所占的面积比例；N 为景观中斑块类型的总数	景观优势度，反映了一个区域景观生态系统内部，某种景观斑块类型的优势程度

利用 ArcGIS 软件，将 2010 年、2015 年和 2020 年 3 个时期的土地利用图转成 Grid 数据，再运用 FRAGSTATS 软件进行景观格局指数计算，见表5-2。

表 5-2   2010—2020 年景观格局指数计算表

景观类型	2010			2015			2020		
	破碎度 C_i	分离度 F_i	优势度 D_i	破碎度 C_i	分离度 F_i	优势度 D_i	破碎度 C_i	分离度 F_i	优势度 D_i
建设用地	1.6013	3.9737	0.1838	1.5785	3.8352	0.1880	1.5299	3.5642	0.1978
林地	0.1407	0.2154	0.7201	0.1438	0.2192	0.7120	0.1451	0.2207	0.7085
农用地	0.7525	1.0997	0.3926	0.7531	1.0869	0.3944	0.7918	1.1416	0.3867
其他用地	0.4109	1.3472	0.1430	0.4488	1.3515	0.1609	0.4506	1.2795	0.1767
水体	0.9413	7.6697	0.0276	0.9544	7.6647	0.0883	0.9771	7.8136	0.0281

5.1.3   空间分析方法

生态风险指数是一种空间变量，本研究运用统计学中半方差函数对研究区生态风险状况进行空间分析；应用 ArcGIS 10.6 对生态风险指数进行克里格空间插值，进而分析研究区生态风险的空间差异特征。变异函数的计算公式为

$$\gamma(h) = \frac{1}{2N(h)} \sum_{i}^{n(h)} [Z(x_i) - Z(x_i+h)]^2 \tag{5-4}$$

式中：$\gamma(h)$ 为变异函数；$Z(x_i)$ 和 $Z(x_i+h)$ 分别为系统某属性 Z 在空间位置 x 和 $x+h$ 处的值；$N(h)$ 为样本对数，h 为空间距离。利用 ArcGIS 10.6 将生态风险指数网格值赋予其中心点，完成生态风险空间插值点样本的采集，基于该样本计算得出实验变异函数，从而进行理论半变异函数的拟合。

5.2 克里格插值和插值精度检验

5.2.1 克里格插值

基于上述对研究区 3 期景观生态风险的半变异函数分析，得到不同时期半变异函数模型中的最优参数，然后利用最优参数，结合克里格插值方法对 3 期景观生态风险进行空间插值。通过公式（5-1），分别对 2010、2015 和 2020年研究区 2799 个评价单元的生态风险指数进行计算。图 5-1、图 5-2 和图 5-3显示，研究区 2010 年网格单元生态风险指数值介于 0.6170 ～ 3.2586 之间，均值为 0.7751；2015 年网格单元生态风险指数介于 0.6456 ～ 3.2938 之间，均值为 0.7879；2020 年网格单元生态风险指数介于 0.6376 ～ 3.3348 之间，均值为 0.7945。为了对比分析研究区生态风险指数等级空间变化，本研究利用ArcGIS10.0 的 Naturalbreaks（自然断点法）将研究区景观生态风险指数（ERI）划分为 5 个等级：低生态风险（ERI ≤ 0.8610），较低生态风险（0.8610 ＜ERI ≤ 1.018），中生态风险（1.018 ＜ ERI ≤ 1.2520），较高生态风险（1.252＜ERI ≤ 1.644），高生态风险（ERI ＞ 1.644），并对不同等级的景观生态风险区域进行面积统计。

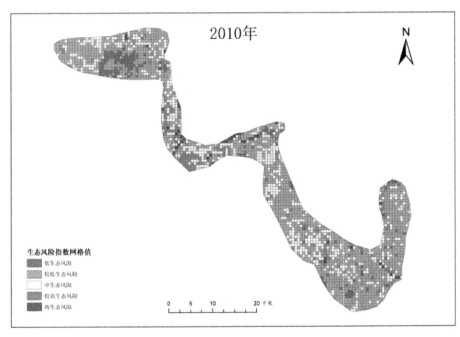

图 5-1　研究区 2010 年网格单元生态风险指数计算结果

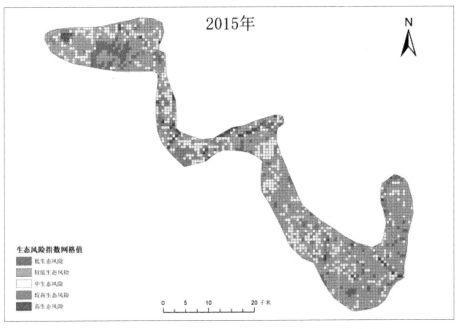

图 5-2　研究区 2015 年网格单元生态风险指数计算结果

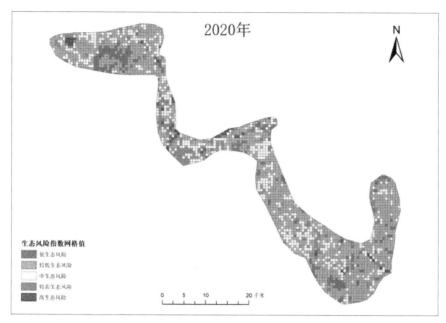

图 5-3 研究区 2020 年网格单元生态风险指数计算结果

5.2.2 插值精度检验

本研究利用 ArcGIS 统计分析模块 CreateSubsets 工具，分别从 3 期 2799
个景观生态风险样点中，随机选取 10% 的样本数据作为验证样点，其余的样
点作为建模样点（即验证点 280 个）。然后利用平均绝对误差（MAE）、均
方根误差（RMSE）和平均相对误差（MRE）对参与建模点和验证点的预测
值和真实值进行分析，3 期景观生态风险的空间插值精度检验分析见表 5-3。

表 5-3 空间插值精度检验分析表

年份	MAE	MRE	RMSE
2010	0. 101337045	0. 164467356	0. 092893777
2015	0. 103701821	0. 168861243	0. 09545603
2020	0. 10361174	0. 168532711	0. 094549018

由表 5-3 可以看出，3 期景观生态风险平均绝对误差（MAE）、均方根误差（RMSE）和平均相对误差（MRE）的值均小于 0.1，交叉验证的预测结果与实际值相近。2010—2020 年间，各误差指标出现先增大，后逐年缩小的趋势。一方面，由于经济社会的发展，国土资源利用强度的增大，景观生态风险受人类活动的干预逐渐增强，使土地生态风险的空间相关性逐渐降低，从而导致空间插值的精度有所降低。另一方面，在后期的地质公园保护和相关保护措施有力实施的情况下，生态环境的改善对空间插值的影响得到提高。

5.3 研究区生态风险空间变化及分析

5.3.1 生态风险指数变化分析

从表 5-4 可以看出，2020 年较 2010 年生态风险指数评价值总体呈现上升态势；10 年间，生态风险指数的最小值先上升后下降，最大值呈上升趋势。数据显示，高风险区域的人为干扰在逐渐增强，主要体现在建设用地和农用地的需求增加，对生态环境的影响作用增强，提升了整体生态风险指数的上限值。

表 5-4 研究区 2010—2020 年生态风险指数分析表

年份	最小值	最大值	平均值
2010	0.6170	3.2586	0.7751
2015	0.6456	3.2938	0.7879
2020	0.6376	3.3348	0.7945

5.3.2 生态风险空间分布与变化分析

由图 5-4、表 5-5 分析，2010—2020 年研究区景观生态风险结构以低风险和较低风险区域为主，占研究区总面积的 64%～66%；中生态风险景观面积占总面积的 23%～25%，较高和高生态风险景观面积占总体面积的 10%～12% 区间。

图 5-4 研究区 2010—2020 年生态风险等级分区面积结构图

从变化趋势分析，低生态风险区呈现增加趋势，较高和高风险区域面积也呈现增加趋势。但从转变矩阵数据看出，各类风险区转入低风险区域的面积为 1531.7496 公顷，变化幅度为 1.69%；转入较高和高风险区域的面积分别为 282.9571 公顷、165.294 公顷，共 448.2511 公顷，变化幅度分别为 0.31% 和 0.18%；两者相比，转入低风险区域的净面积为 1083.4985 公顷，是转入中高风险区面积的 2.4 倍。

研究表明，10 年来，地质公园的生态风险由高等级向低等级转变，整体上各项保护措施和人为影响在可控范围，生态风险区域较为稳定。今后应继续保持和加强中级及以上生态风险区域的生态保护、规划与建设工作。

表 5-5 研究区 2010—2020 年生态风险等级分区面积分析表

风险等级	2010年		2010—2015面积变化/ha	2015年		2015—2020面积变化/ha	2020年		2010—2020面积变化/ha	比例变化/%
	面积/ha	比例/%		面积/ha	比例/%		面积/ha	比例/%		
低生态风险区	5881.16	6.50	65.66	5946.82	6.57	1466.08	7412.9	8.19	1531.74	1.69
较低生态风险区	52239.52	57.69	739.31	52978.83	58.51	-977.28	52001.55	57.43	-237.97	-0.26
中生态风险区	22508.98	24.86	-1072.15	21436.83	23.67	-669.89	20766.94	22.93	-1742.04	-1.92
较高生态风险区	8301.62	9.17	-56.83	8244.79	9.11	339.78	8584.57	9.48	282.95	0.31
高生态风险区	1617.43	1.79	324	1941.43	2.14	-158.71	1782.72	1.97	165.29	0.18

如图 5-5 ～图 5-7 所示，高和较高等级的生态风险区分布主要集中在研究区的中部大部分地区和西北部，以林槐屯、那定、拉当屯、岩为乔屯、巴罗屯、钻堡屯、伶农村等区域，景观类型现在为园地和设施农用地，坡度在 15°～ 25°低山丘陵地带范围内。低、较低生态风险区主要研究区北部、南部等区域，远离城镇建设用地和农用地集中区，同时也是地质遗迹主要分布区域。

值得注意的是，通过对图 5-5、图 5-6 和图 5-7 的对比分析发现，研究区西北部的广上、干田坝屯到杜家土屯区域，并与黄猄洞天坑、国家森林公园毗邻，由 2010 年的较低生态风险区域转变为中生态风险区域，局部还转变成较高和高等级生态风险，景观类型为旱地和有林地，涉及高生态风险区面积约 324 公顷，原因主要为本地居民对农用地的需求增加，存在毁林开垦现象发生。

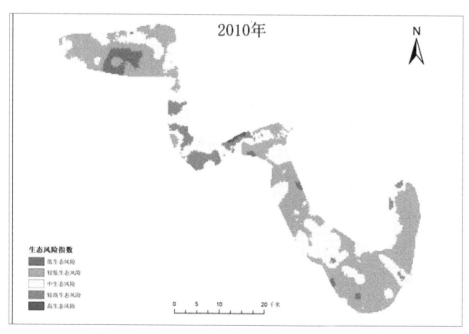

图 5-5　研究区 2010 年生态风险等级空间分布示意图

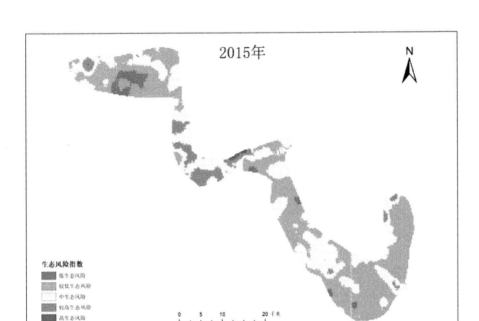

图 5-6 研究区 2015 年生态风险等级空间分布示意图

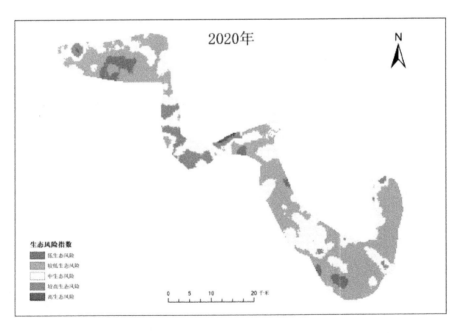

图 5-7 研究区 2020 年生态风险等级空间分布示意图

5.4　基于 SVM 的生态风险等级评价模型

5.4.1　研究方法

支持向量机（Support Vector Machine，SVM）最早由 Cortes C 和 Vapnik 提出，是机器学习领域里具有监督的学习模型，对于小样本、非线性和高纬度模式的数据计算和识别具有特殊的优势。SVM 根据有限的样本数据，构建模型并进行训练学习，寻找样本的最优分类超平面。面对非线性样本问题，则运用核函数将把特征向量从低维空间核映射到高维空间，通过高维空间寻找最优分类超平面，在众多领域具有广泛的应用空间和泛化能力。

因此，本研究在生态风险等级评价的基础上，考虑到地质公园特殊岩溶地貌条件和生态环境，考虑每个生态风险指数是否能完整反映真实生态风险现状，对空间网格采样数据为训练集，建立 SVM 模型对生态风险等级数据进行预测判断，验证评价模型的精确度，为管理决策和具体应用提供保障基础。

1. 最优分类超平面

SVM 的分类原理为：在基于分类正确的前提下，寻找一个既满足分类精度又保证最大化平面两侧空白区域的最优分类超平面。SVM 分类分为：线性可分、线性不可分、近似线性可分。生态风险等级评价属于非线性分类，因此采取非线性支持向量机。

2. 非线性支持向量机

线性不可分情况是模式识别实际应用中最常见的问题，如图 5-8 所示。

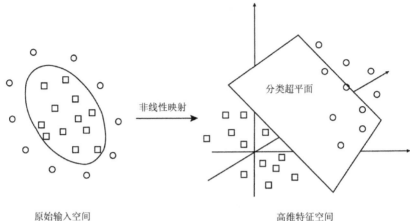

图 5-8　非线性映射示意图

图中，低维原始输入空间的非线性问题，通过非线性映射转化为高维特征空间的线性问题，然后构造最优分类超平面。

3. 非线性支持向量分类机

对非线性数据集进行处理时，需要将低维空间的训练样本的特征，通过映射函数 $\phi(x)$ 映射到高维的线性空间，将 $\phi(x)$ 带入优化问题为

$$\min \frac{1}{2} \sum_{i=1}^{n} \sum_{j=1}^{n} y_i y_j a_i a_j (\phi(x_i) \cdot \phi(x_j)) + \sum_{i=1}^{n} a_i \qquad (5\text{-}1)$$

$$s.t. \sum_{i=1}^{n} y_i a_i = 0 \qquad (5\text{-}2)$$

$$0 \leqslant a_i \leqslant C_i = 1,2,\cdots,n$$

设 $K(x_i, x_j) = \phi(x_i)\phi(x_j)$，原问题转化成

$$\min \frac{1}{2} \sum_{i=1}^{n} \sum_{j=1}^{n} y_i y_j a_i a_j K(x_i \cdot x_j) + \sum_{i=1}^{n} a_i \qquad (5\text{-}3)$$

$$s.t. \sum_{i=1}^{n} y_i a_i = 0 \qquad (5\text{-}4)$$

$$0 \leqslant a_i \leqslant C_i = 1,2,\cdots,n$$

非线性判别函数为

$$f(x) = \text{sgn}(a_i y_i K(x \cdot x_i) + b) \qquad (5\text{-}5)$$

其中，$K(x_i, x)$ 称为核函数，C 是选取的适当的参数。SVM 中，输入特征映射到点积特征空间，映射函数 $\phi(x)$ 用满足 Mercer 条件的核函数代替。

4. 数据集和分类器

①数据集定义

数据集是一个二维数据表，以行为记录、列为特征，用三元组 $D = <I, X, Y>$ 来表示，其中：I 是记录标识，用于标识样本；X 是分类特征集合，$X = \{X_1, X_2, \cdots, X_n\}$；Y 是目标特征，标识样本的类别。

②分类器定义

对于特定的数据集，一个自变量是分类特征，因变量是目标特征的函数 $y = h(x)$，对于给定的一个样本 $x = \{x_1, x_2, \cdots, x_n\}$，通过分类器可以确定其类别 y，其中，$x \in X, y \in Y$。

③分类器性能

评价分类器的性能，常用度量指标有：准确率（Accuracy）、特异性（Specificity）和灵敏性（Sensitivity）。这些指标可以通过表示真正的类属性和预测的类属性之间关系的混淆矩阵（Confusion Matrix）计算。二分类问题的混淆矩阵见表 5-6。

表 5-6　二分类的混淆矩阵

实际的类		预测的类	
		C1	C2
	C1	真正(TP)	假负(FN)
	C2	假正(FP)	真负(TN)

在表 5-6 中，设定正样本（Positives，C1）和负样本（Negatives，C2）两个类，"真正"（True positives，TP）指被正确标记的正样本数（预测为正、实际为正），"假正"（False positives，FP）指被错误标记的负样本数（预测为正、实际为负），"真负"（True negatives，TN）指被正确标记的负样本数（预测为负、实际为负），"假负"（Falsenegatives，FN）指错误标记的正样本数（预测为负、实际为正）。

①准确率（Accuracy）

表示分类器对总样本的识别率，计算方法如公式 5-6 所示

$$Accuracy = (TP + TN) / (YP + FP + FN + TN) \qquad (5\text{-}6)$$

②特异性（Specificity）

表示分类器对负样本的识别率，计算方法如公式 5-7 所示

$$Specificity = TN / (TN + EP) \qquad (5\text{-}7)$$

③灵敏性（Sensitivity）

表示分类器对正样本的识别能力，计算方法如公式 5-8 所示

$$Sensitivity = TP / (TP + FN) \qquad (5\text{-}8)$$

④查全率（Recall）

表示正确分类的正样本占全部正样本的比率，公式如 5-9 所示

$$Recall = TP / (TP + FN) \qquad (5\text{-}9)$$

⑤查准率（Precision）

表示在错误分类的负样本和正确分类的正样本之和中，正确分类的正样本的占比，计算方法如公式 5-10 所示

$$\text{Precision} = TP / (TP + FP) \tag{5-10}$$

⑥真正率（TPR_{Min}/TPR_{Maj}）

真正率表示分类正确的某类样本（正样本/负样本）占所有该类样本的比值。对于正样本（少数类样本），真正率标记为TPR_{Min}；对于负样本（多数类样本），真正率标记为TPR_{Maj}。计算方法分别如下公式 5-11 和 5-12 所示

$$\text{TPR}_{\text{Min}} = TP / (TP + FN) \tag{5-11}$$

$$\text{TPR}_{\text{Maj}} = TN / (TN + FP) \tag{5-12}$$

从定义看出，TPR_{Min} 与 Recall 和 Sensitivity 等价，而 TPR_{Maj} 与 Specificity 等价。

5.4.2 数据集和训练样本

1. 数据集

本研究选择了景观生态风险等级分类数据集，因变量是生态风险等级（分为低生态风险、较低生态风险、中生态风险、较高生态风险、高生态风险 5 个等级，分别对应标签为 1、2、3、4、5）。自变量以平均农用地、平均林地、平均建设用地、平均水域/水体、平均其他用地，作为生态风险等级特征。

2. 训练样本的选择

结合 GIS 网格单元采样点和实地调查采样点选择 2799 对数据作为训练样本，每个组有 5 个特征，训练后得到最优分类器。其中 2240 组作为 SVM 训练数据，559 组为测试数据，对数据进行 SVM 状态分类。为避免样本选择的偶然性对准确度的影响，在 2799 组样本中，随机选取 2240 组作为测试样本，剩

余 559 组作为训练样本，共进 2240 次实验训练，见表 5-7。

表 5-7　数据训练样本（部分）

网格序号	单元林地	单元农地	单元建设地	单元水体	单元其他	ERI	等级划分	等级划分标签
0	0.2900	0.0000	0.0000	0.0000	0.4284	0.7184	低生态风险	1
1	0.6792	0.2610	0.0197	0.1081	0.0273	1.0953	中生态风险	3
2	0.7610	0.0635	0.0575	0.0991	0.0125	0.9936	较低生态风险	2
3	0.6885	0.2988	0.0393	0.0000	0.0034	1.0299	中生态风险	3
4	0.8372	0.0874	0.0028	0.0000	0.0000	0.9274	较低生态风险	2
5	0.8550	0.0000	0.0000	0.0000	0.0209	0.8759	较低生态风险	2
6	0.7212	0.0000	0.0000	0.0000	0.1174	0.8386	低生态风险	1
7	0.8709	0.0000	0.0127	0.0000	0.0000	0.8835	较低生态风险	2
8	0.5469	0.0581	0.2964	0.0000	0.0000	0.9014	较低生态风险	2
9	0.8840	0.0000	0.0000	0.0000	0.0000	0.8840	较低生态风险	2
10	0.3668	0.7052	0.0536	0.0000	0.0775	1.2030	中生态风险	3
11	0.0572	0.1492	0.0304	0.0000	0.5195	0.7563	低生态风险	1
12	0.5307	0.0187	0.0000	0.0000	0.2481	0.7974	低生态风险	1
13	0.6062	0.2693	0.1185	0.1161	0.0021	1.1122	中生态风险	3
14	0.7570	0.1384	0.0176	0.1315	0.0148	1.0594	中生态风险	3
15	0.6470	0.0225	0.0000	0.0000	0.1628	0.8323	低生态风险	1
16	0.8833	0.0000	0.0000	0.0000	0.0005	0.8838	较低生态风险	2
17	0.8694	0.0000	0.0139	0.0000	0.0002	0.8834	较低生态风险	2
18	0.8788	0.0000	0.0006	0.0000	0.0033	0.8827	较低生态风险	2
19	0.8084	0.0534	0.0159	0.0000	0.0233	0.9010	较低生态风险	2
20	0.7790	0.1113	0.0170	0.0000	0.0227	0.9300	较低生态风险	2
21	0.7676	0.0897	0.0206	0.0000	0.0361	0.9139	较低生态风险	2
22	0.8840	0.0000	0.0000	0.0000	0.0000	0.8840	较低生态风险	2
23	0.8151	0.0872	0.0241	0.0000	0.0000	0.9265	较低生态风险	2

（续表）

网格序号	单元林地	单元农地	单元建设地	单元水体	单元其他	ERI	等级划分	等级划分标签
24	0.8241	0.0860	0.0161	0.0000	0.0000	0.9262	较低生态风险	2
25	0.8737	0.0000	0.0000	0.0000	0.0075	0.8811	较低生态风险	2
26	0.7671	0.1183	0.0015	0.0000	0.0403	0.9272	较低生态风险	2
27	0.5291	0.0391	0.0000	0.0000	0.2418	0.8100	低生态风险	1
28	0.7005	0.2265	0.0671	0.0000	0.0000	0.9941	较低生态风险	2
29	0.6290	0.2076	0.0051	0.2392	0.0805	1.1613	中生态风险	3
30	0.7094	0.0123	0.0000	0.0000	0.1214	0.8432	低生态风险	1
......	......	......	......	......	......	......	......	......

5.4.3　结果与评价

1.SVM 分类结果评价

由表 5-8、表 5-9 可以看出，SVM 对研究区各类景观的生态风险等级做出良好的判断和分类，自我预测判断精确度达到 98.09%。2799 组数据中，标签 1 分类检验的准确度和灵敏度最高，达 97.67%、99.19%，表明生态风险等级评价模型对该低生态风险等级的评价检验精度高；标签 2 的分类检验准确度和灵敏最低，仅为 95.17%、88.55%，主要体现在较低生态风险和低生态风险之间的评价判断；通过对比生态风险网格单元和等级分区图，共有 26 组较低生态风险样本量误判为低生态风险，面积约 939 公顷，占总体面积的 1.03%，整体生态风险水平和格局影响不大。

标签 3（中等生态风险等级）以上的景观生态风险评价精确度分别达到 98.08%、98.52%、100%，其中有 12 组中等生态风险样本误判为低生态风险，面积约 4.32 公顷，占总面积的 0.0048%，说明构建的生态风险等级评价模型具有较高的精确度，具备良好的泛化能力。

表 5-8　SVM 分类混淆矩阵

标签	预测数				
	1	2	3	4	5
1	1593	8	5	0	0
2	26	201	0	0	0
3	12	0	615	0	0
4	0	0	7	266	0
5	0	0	0	4	62

表 5-9　SVM 各类标签进行准确度和灵敏度分析

标签	参数				
	TP	FP	FN	P+/%	Se/%
1	1593	38	13	97.67	99.19
2	201	8	26	95.17	88.54
3	615	12	12	98.08	98.08
4	266	4	7	98.52	97.43
5	62	0	4	100	91.17
总体	2737	62	62	98.09%	95.44%

2. 相关性分析

相关系数图中颜色越深表示，两个变量间的相关系数越接近。由图 5-9 相关系数矩阵热图可以看出，单元林地、单元农地和单元其他用地等变量间的相关关系最大。由分类检验可以看出，两者在进行生态风险等级评价判断中，表明区分度小，在遥感数据提取、评价模型计算过程中，误判可能性较大，与表 5-8、5-9 分析情况吻合，体现在较低风险和低风险生态风险区之间的评价判断过程当中。

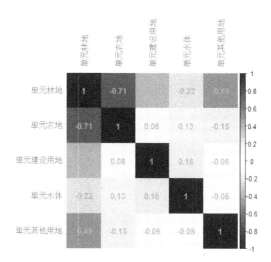

图 5-9　相关系数矩阵热图

同时，值得注意的是，单元建设用地与单元农地和单元其他用地关系最小，表明区分度大，也与实际情况较为符合，能根据特征值的设定区分出较好地区分和判断建设用地和其他景观类型，具体体现在对较高生态风险以上的区域判断准确高。

5.5　研究区景观生态风险管理对策

生态风险管理是根据研究区生态风险的评价分级结果，综合考虑区域自然环境、社会经济发展等因素，制定相应的政策法规，以减少生态风险带来的损失。本研究结合不同的生态风险等级制定相应的管理政策。

5.5.1　高生态风险区管理

高生态风险区的管理，应着重考虑景观生态功能的完整性、自然条件和地质景观生态保护的相关性。在水土易流失区域，通过封山育林、退耕还林、还草等措施，重点保护原生态环境和地质遗迹环境。科学规划建设与景观生态相匹配的生态廊道，有效避让和退出生态敏感区、生态脆弱区等区域，降低交通基础设施对生态系统的阻隔效应，加强交通网络两侧的植被恢复和景观保育工作，减少对原有生态环境的破坏。政府应出台相应的政策，对开山采石等破坏生态环境的活动进行遏制，实现人与自然、社会经济活动与生态环境的协调发展。

5.5.2 中生态风险区管理

中生态风险区主要分布在较高生态风险区的外围和局部地区，包括乐业县和凤山县城建制镇外围区域，范围区内主要涵盖耕地、园地和其他林地。坡度在15°～25°低山丘陵地带与耕地过渡带、建设用地与耕地、园地与林地过渡带等。该区域为生态较敏感区，规划开发措施不当而导致该区域转化到较高或高生态风险区的可能性大。应加强对农田生态廊道（沟渠、道路等）的建设，在农用地周边实施生态缓冲区、防护林体系建设，构造生态农业格局，增强农用地的抗干扰能力。同时，加大对设施农用地和村庄建设用地的合理规划，根据实际情况制定相关政策和划分重点村落建设用地空间，引导人口向县城区和重点乡镇转移，减少人为活动对景观生态的干扰。

5.5.3 低生态风险区管理

由于研究区是典型的喀斯特地貌区，地下岩溶和地下河发育良好，地表部分多以森林覆盖为主，同时也是天坑、森林公园等地质遗址景观分布较为集中的地方。一方面要继续保持现有的生态环境和保护力度，另一方面应做好相关区域的旅游规划和土地利用规划，采取适度开发的措施，探索地质公园生态环境改善与保护的新理念和新措施。

5.6　本章小结

本章基于 2010、2015、2020 年的 3 期遥感影像数据，应用 GIS 空间分析方法，对地质公园生态风险时空变化特征和生态风险进行定量评价，利用 SVM 机器学习对生态风险评价模型进行检验，通过研究得出结论如下。

（1）设定 0.6km×0.6km 的网格对地质公园范围内进行空间单元采样，共采集评价单元 2799 个，作为生态风险评价空间插值分析的样本。利用自然断点法将研究区景观生态风险指数（ERI）划分为 5 个等级：低生态风险（ERI≤0.8610），较低生态风险（0.8610＜ERI≤1.018），中生态风险（1.018＜ERI≤1.2520），较高生态风险（1.252＜ERI≤1.644），高生态风险（ERI＞1.644）。最后对 3 期景观生态风险平均绝对误差（MAE）、均方根误差（RMSE）和平均相对误差（MRE）的值均小于 0.1，交叉验证的预测结果与实际值相近。

（2）对生态风险指数进行分析，2020 年较 2010 年生态风险指数评价值总体呈现上升态势。10 年间，生态风险指数的最小值先上升后下降，最大值呈上升趋势。数据显示，高风险区域的人为干扰在逐渐增强，主要体现在建设用地和农用地的需求增加，对生态环境的影响作用增强，提升了整体生态风险指数的上限值。

（3）对生态风险等级分区进行空间格局分析，2010—2020 年研究区景观生态风险结构以低风险和较低风险区域为主，占研究区总面积的 64%～66%。

10年来，各项保护措施和人为影响整体在可控范围。高、较高等级的生态风险区分布主要集中在研究区的中部大部分地区和西北部，低、较低生态风险区主要研究区北部、南部等区域，远离城镇建设用地和农用地集中区，同时也是地质遗迹主要分布区域。

（4）对数据进行 SVM 状态分类，在 2799 组样本中，随机选取 2240 组作为测试样本，剩余 559 组作为训练样本，共进 2240 次实验。计算结果显示，SVM 实验结果整体准确率为 98.09%，说明构建的生态风险等级评价模型具有较高的精确度，具备良好的泛化能力。相关性分析显示，单元林地、单元农地和单元其他用地等变量间的相关关系最大。单元建设用地、单元农地和单元其他用地关系最小，表明区分度大，也与实际情况较为符合，能根据特征值的设定区较好地区分和判断建设用地和其他景观类型，具体体现在对较高生态风险以上的区域判断准确高。

第 6 章 基于生态风险评价的旅游规划开发策略

6.1 旅游规划背景

6.1.1 规划原则

研究区于 2010 年 8 月由原中华人民共和国国土资源部批准，并得到联合国教科文组织认定。随着近年来研究区社会经济的发展，对公园的边界、地质遗迹资源与地质遗迹保护区等进行了新的调查和划分，为了更好地建设世界地质公园和发挥世界地质公园功效，本研究在前期成果《拟建中国广西乐业—凤山世界地质公园规划说明书（2008—2013）》和《乐业—凤山世界地质公园总体规划（2011—2020）》的基础上，结合生态风险等级评价结果，对原旅游规划进行修订和完善。规划遵循的原则和方法有以下几方面。

1.衔接协调原则

研究区旅游规划必须将生态风险评价结果与乐业县、凤山县土地利用规划、城镇建设规划等进行衔接。同时，研究区内的相关区域已经规划、建立了国家地质公园、风景名胜区、国家森林公园等，世界地质公园的范围与上述规划范围有所重叠，因此在本研究所涉及的范围，应据实际情况尽可能与原有规划衔接协调。

2. 一体化原则

研究区范围中原有 2 个国家地质公园（乐业大石围天坑群国家地质公园和凤山岩溶国家地质公园）和 1 个国家森林公园（乐业黄猄国家森林公园），在成立世界地质公园之前，原 3 个公园尚未形成有效统一的联合体。现通过整体性旅游规划和空间布局，将各个片区进行有效联合，实现交通网络、旅游路线网络化和协调化，有利于各类保护措施的实施和公园管理。

3. 地质遗迹保护原则

强调在生态风险评价的基础上以地质遗迹保护为重心，必须兼顾保护与国民经济建设的需要，纠正了将整个研究区简单划分为三级以上保护区的思路，进一步明确了地质遗迹保护区级别、范围及其保护内容。

6.1.2 生态风险评价与相关规划衔接

1. 与原地质遗迹景观空间格局衔接

在研究区生态风险评价等级分布特征的基础上（图 5-7），与原规划地质遗迹景观资源分布（图 2-16）进行等比例尺叠加形成图 6-1 和图 6-2。可以看出，研究区主要的地质遗迹景观资源基本分布在低和较低生态风险区范围内，土地景观类型以林地和草地为主。

实地勘察分析，研究区是典型的喀斯特岩溶地貌，主要地质遗迹景观以天坑、溶洞大厅等为主，基本都是属于地下景观，露出地表部分基本覆盖了植被，部分区域还是原始森林和次生林地，地表生态环境良好，生态风险等级较低。

值得注意的是，研究区中部碎屑岩中低山地貌区的分布和范围与中生态风险区域基本吻合，未来旅游规划、道路规划和相关建设项目选址等要注意规避或采取相应措施，以保护该区域的生态环境。

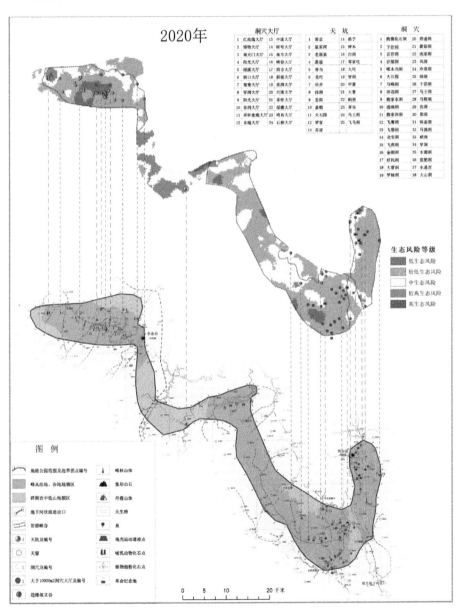

图 6-1　研究区生态风险等级空间分布与地质遗迹景观资源空间分布对比分析图

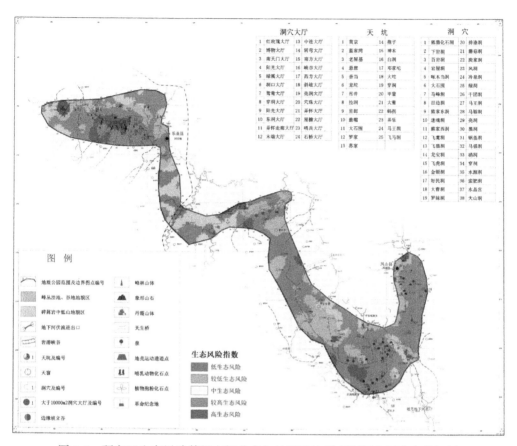

图 6-2　研究区生态风险等级空间分布与地质遗迹景观资源空间分布叠加图

2. 与原地质遗迹景观保护规划的衔接

将研究区生态风险评价等级分布（图 5-6~ 图 5-7）与原规划地质遗迹景观资源分布图 2-16 进行对比分析，并将两者等比例尺叠加，形成图 6-3 和图6-4。由此可以看出，研究区内地质遗迹资源特级保护区主要以中部布柳河上游段为连片区域，其他如大石围天坑、罗妹洞莲花盆群、三门海地下河天窗群、鸳鸯洞巨型石笋群、水晶宫等以点状分布在研究区西北部、南部和东南部。特级、一级保护区与低、较低生态风险区对应，这说明重点地质遗迹保护区现状生态环境良好、生态风险层级较低。

值得注意的是，布柳河上游段与天生桥景观，通过叠加分析，区域范围处于中生态风险区域。该区域以岩溶峡谷优美风光、罕见的大型天生桥景观，从旅游开发的角度分析，景观品位高，对外界吸引力大，未来旅游规划要进行科学论证，不适宜大体量工程项目建设。

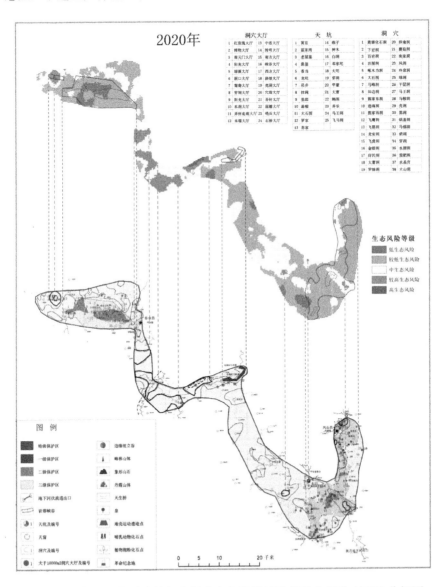

图 6-3　研究区生态风险等级空间分布与地质遗迹保护空间分布对比分析图

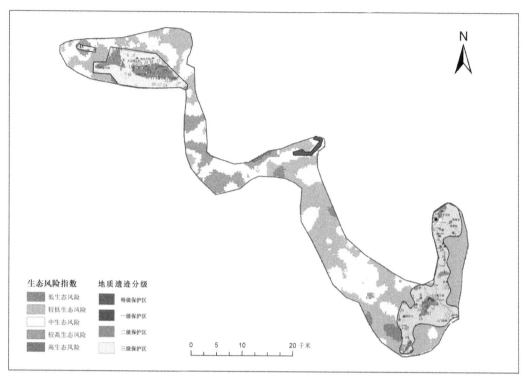

图 6-4 研究区生态风险等级空间分布与地质遗迹保护叠加图

6.2 基于生态风险评价的旅游总体规划

6.2.1 总体布局

依据土地使用功能的差别、地质遗迹保护的要求，结合科普教育、社区发展和旅游活动的需求，研究区功能分区规划为"两核两轴，八景多区"，如图6-5 和表 6-1 所示。

乐业-凤山世界地质公园规划总图

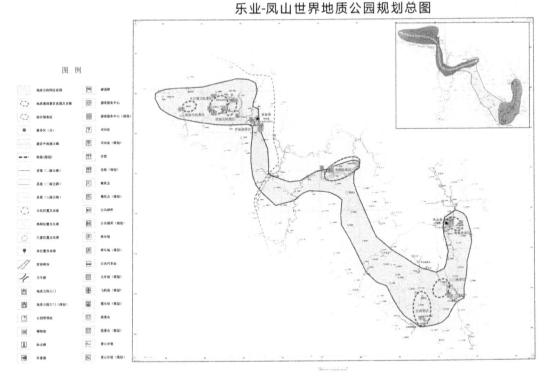

图 6-5　研究区旅游规划总体布局图

1. 两核

以乐业、凤山两县城作为接待服务核心功能区。

空间格局：在凤山、乐业两个县城设立地质公园两个核心服务区，即乐业综合服务区与凤山综合服务区，建设旅游集散中心与世界地质公园博物馆，作为乐业—凤山世界地质公园展示、科考与游览的两大服务接待核心区。同时，两个县城作为世界地质公园的两个核心区域，是地质公园建设发展的驱动力量。

功能定位：乐业—凤山世界地质公园建设发展的两颗"心脏"。

2. 两轴

打造两条地质公园精华游览线路，分别串联乐业园区、凤山园区各旅游景点和其他功能分区。

功能格局：设立乐业县城—罗妹莲花洞—牛坪乡村旅游区—火卖乡村旅游区—大石围景区，是乐业旅游分区的精华旅游线路。凤山县城—鸳鸯泉景区—三门海景区，作为凤山旅游的精华旅游线路。

功能定位：乐业—凤山世界地质公园旅游发展的两大"动脉"。

3. 八景

将世界地质公园 8 个地质遗迹资源禀赋优良的区域作为打造重点，既是地质遗迹重点保护区，又是最重要的各类地质遗迹景区。

空间范围：黄猄天坑景区、大石围天坑景区、穿洞天坑景区、罗妹洞景区、布柳河景区、鸳鸯泉景区、三门海景区和江洲长廊景区。

功能定位：以山水游览为主导的世界级旅游区。

4. 多区

地质公园包括 50 多个村屯，这些村屯是原住民的居民居住区，原住民世世代代生活于此，可根据自身特点，成为世界地质公园的特色村屯。地质公园内，根据地方土地规划、地方建设与旅游发展规划需要，设立非地质遗迹景观区，如生态景观区、人文景观区和一些主题景观区（如红色主题）等功能区。

生态景观区：乐业火卖生态村（清凉小镇）、牛坪生态村、雅长兰花谷等；凤山内龙桃花源、松仁山水田园、巴腊猴山、石马湖田园牧歌旅游区等。

人文景观区：乐业吉古法造纸体验园、母里生态民俗文化旅游区；凤山蓝衣壮、过山瑶特色的民族旅游村寨等。

红色旅游区：乐业红七军、红八军胜利会师旧址；中亭红色文化旅游景区。

表6-1 研究区8大地质遗迹景区基本概况

序号	分区	规划面积/km²	主要景观特征	规划定位
1	罗妹洞景区	15.63	位于乐业县城南部,是乐业县内地表明流和地下伏流频繁交换的地区、岩溶坡立谷的典型发育区、岩溶洞穴"莲花盆"沉积物的典型集中发育地,主要景点有罗妹洞、乐业坡立谷、平寨河、地表明流和地下伏流频繁交换点、岩溶峰丛等,地质景观丰富多彩,是乐业县内占地面积最大、接待规模最大的综合中心景区	规划设置一个世界地质公园标识与管理服务主中心,集洞穴观光、地质博物展示、科普服务、信息咨询服务、休闲服务、娱乐购物、住宿和食宿服务等功能于一体的综合旅游服务区
2	穿洞景区	17.41	位于乐业县高峰丛深洼地S型岩溶地貌区中部偏南,主要景点有穿洞及穿洞天坑、甲蒙天坑、大曹天坑、熊家东西洞、岩溶峰丛等典型地质景观,具有如下特征:(1)洞穴洞腔空间巨大,有4万平方米,位居世界第五的红玫瑰大厅;(2)各天坑坑壁、峰丛岩壁等竖、陡、高、平,是极好的探险教学和体验点;(3)民俗民风浓厚,既是岩溶洼地的典型,也是民俗民风的主要展示区	规划定位为观光、探险、民俗民风三者相结合的天坑洞穴观光体验区
3	大石围景区	44.75	位于乐业县高峰丛深洼地S型岩溶地貌区中部,是分布数量最多和分布密度最大的天坑(群)的典型集中发育区,是"世界大型天坑博物馆"的主要展示区,其中大石围天坑是国内外众多塌陷型天坑的杰出典型代表,共生发育有洞穴、地下河、峰丛、洼地、坑底森林,具有独特的"雄、奇、险、秀、幽"观赏和美学特征	规划为天坑及天坑群观光体验区

（续表）

序号	分区	规划面积/km²	主要景观特征	规划定位
4	黄猄洞景区	36.25	位于乐业县高峰丛深洼地S型岩溶地貌区中部之西部边缘，主要景点有黄猄洞天坑、岩溶峰丛、原始森林、奇花异草等，主要的特色是坑壁陡直，坑底平坦；其次是周边生态环境良好，兰科植物种类多样，数量丰富，群集度高，是岩溶地貌和森林植被良好结合的最佳典范之一	规划定位为集天坑观光探险、森林生态体验、休闲度假、兰花观赏等功能于一体的多功能原生态旅游景区
5	布柳河景区	35.51	位于乐业县东南部，以布柳河为纽带，横贯于碎屑岩地块与岩溶地块之间，河道曲折，两岸山势险峻，植被繁茂，是岩溶峡谷、高峰丛深洼地、岩溶天生桥的主要和典型发育区	规划定位为半开放式神奇天生桥和布柳河的观光、休闲、探险、漂流及生态体验景区
6	鸳鸯泉景区	60.85	位于凤山县城内，由鸳鸯洞和穿龙岩两个次级景区组成，主要景点有鸳鸯洞、鸳鸯泉、西西里洞、凉风洞、穿龙岩、云峰洞等，主要特色是：规模宏大的洞道和体量巨大的洞穴沉积物；拥有一清一浑的神奇鸳鸯泉	规划在景区中设置一个世界地质公园标识与管理服务主中心，集洞穴观光、探险、地质博物展示、科普服务、信息咨询服务、休闲服务、娱乐购物、住宿和食宿服务等功能于一体的综合旅游服务区

序号	分区	规划面积/km²	主要景观特征	规划定位
7	三门海景区	15.36	地处坡心地下河出口区，三门海天窗群发育于地表河与地下河频繁交换的区域，是众多地下河天窗发育的杰出典型代表，集典型性、完整性、系统性、稀有性、自然性和优美性于一身，共生发育有地下河、地表河、洞穴、天坑、峰丛、奇树异草，具有独特的"秀、幽、淡、雅"中国山水画式的观赏和美学特征，堪称世界级地下河天窗和天窗群；景区内的坡心村，既是少数民族聚居地，更是闻名的长寿村	目前已开发，并已初具规模，此次规划定位为地下河天窗观光体验、休闲度假及民俗民风和长寿文化体验区
8	江洲景区	31.21	以江洲仙人桥为中心，包括江洲地下长廊、江洲边缘坡立谷、水晶宫、蚂拐洞及其天生桥、阴阳山、雷劈岩、岩溶峰丛和岩溶地表河等，是岩溶天生桥和巨型洞穴系统的典型发育区，也是南方乃至全国为数不多的鹅管、卷曲石、石花等洞穴沉积物的集中典型发育地；景区内生态环境良好，田园风光优美	规划定位为半开放式天生桥观光区及体验南方田园风光和民族风情区

6.2.2 空间结构

研究区主要景点、景区都集中分布于乐业 S 型岩溶地貌区和凤山岩溶地貌区，它们的空间布局和结构形态，可总体概括为：线状分布，集中成片，即罗妹洞景区（主要包括罗妹洞、平寨河、博物馆等景点）、穿洞景区（主要包括穿洞天坑、熊家东西洞、甲蒙天坑等景点）、大石围景区（主要包括大石围天坑、大坨天坑、罗家天坑、苏家天坑、白洞天坑等景点）、黄猄洞景区（主要黄猄洞天坑及其良好的生态环境等景点）主要沿百朗地下河系发育，布柳河景区（主要有布柳河、峡谷和天生桥等景点）主要沿布柳河分布，三门海景区（主要包括三门海天窗群、坡心河等景点）主要沿坡心地下河系发育，江洲景区（主要包括江洲天生桥及地下长廊、水晶宫等景点）、鸳鸯泉景区（主要包括鸳鸯洞、鸳鸯泉、穿龙岩等景点）主要沿坡月地下河系发育。

6.2.3 空间划分

研究区主体是面积超过 900km² 的大型世界地质公园。空间规划分别在乐业、凤山县城设立世界地质公园核心服务中心（标识与管理、服务主中心）。世界地质公园核心服务中心具有如下的功能：设置世界地质公园标志碑、地质博物展示、科普服务、信息咨询服务等，分别设立于乐业县城同乐镇和凤山县城凤山镇，占地面积分别为 6300m² 和 4700m²。

研究区的乐业、凤山两个组团，各由一条游览主轴串联。乐业主轴轴线呈反"S"型，大致呈东西走向，串接布柳河、乐业县城（罗妹洞）、穿洞、大石围、黄猄洞等五个景点。凤山主轴轴线为"I"型，大致呈南北走向，串接凤山县城（鸳鸯泉）、三门海与江洲走廊。

6.3 地质遗迹景观保护

6.3.1 核心保护区的控制要求与保护措施

为使各级地质遗迹保护区（点）得到科学合理保护和利用，对应各级保护区将制定和实施不同级别的保护措施。

（1）保护核心区完整的原始自然状态，禁止破坏地质景观和生态环境的任何活动。

（2）对核心地质景观（如大石围天坑、三门海地下河天窗群等）和较脆弱、易损坏的重要洞穴沉积物（如莲花盆、巨型石笋、鹅管和卷曲石等）等设置有效的隔离保护带，严禁游人直接进入或直接接触。

（3）核心区范围内严禁采石、挖掘化石标本和采矿活动。

6.3.2　一级保护区的控制要求与保护措施

设置必要的游赏步道和相关设施，严格控制游客数量。

（1）严禁毁林开山、采石、采矿、修墓等改变地形地貌的活动，严格限制开发强度，严禁建设与风景无关的旅游设施。

（2）保护区内一切建设应服从总体规划，并报送公园管理部门批准。

（3）重要景点开发应限制开发利用强度，不允许超容量开发，确保景观资源得以永续利用。

（4）保护区内实施退耕还林，荒地绿化，除裸露岩石外，绿地覆盖率达80%以上。

6.3.3　二级保护区的控制要求与保护措施

适当设置和建设与景观环境协调的旅游服务设施，合理控制游客数量。

（1）禁止开山、采石、采矿，不得在区内建设生产性工厂及污染性工矿企业。

（2）区内村庄的发展建设必须严格服从总体规划，建立项目审批制度，由公园管理部门负责审批。

（3）可在规划许可的范围内修建少量必要的旅游基础和服务设施，鼓励和支持建设与当地环境和当地居民建筑风格相协调的设施。

6.3.4　三级保护区的控制要求与保护措施

设立和建设适量与景观环境协调的地质旅游服务设施。

（1）严禁建设可能污染环境的工矿企业，防止地表和地下水体水质及大气受到污染。

（2）可规划建设各种旅游基础和服务设施，但应控制建筑高度及建筑区的范围，保持与自然环境及景观资源相协调，以不干扰风景视觉环境和视觉效果为选址和建筑原则。

（3）根据农村实际可保留和开辟一定的耕地面积及其他用地等，但严禁大面积开荒、砍伐林木、开山炸石等严重破坏地形地貌的活动。

（4）一切宜林荒地均实施绿化，25°及以上坡耕地逐步退耕还林，以防止水土流失。

6.3.5　特殊地质遗迹保护措施

研究区及外围岩溶洞穴发育，洞内保存一大批次生沉积物景观，十分珍稀典型的地质景观，具有重要科学价值和观赏价值。

（1）洞内兴建旅游基础设施，不能破坏沉积物景观。

（2）设置有效的隔离保护带，严禁游人直接触摸、敲打破坏。

（3）设立警示牌，提醒游人保护。

（4）尚未开发的洞穴临时封存洞口，设立专人保护，防止盗采钟乳石。

（5）根据不同洞穴的规模环境和游客情况，对游人实行环境容量控制。

6.4　生态环境与其他景观保护

为减缓各种旅游开发、建设行为等对景区景观安全、地质安全、生态安全、游人安全等的不利影响，依据自然生态环境保护规划的原则和策略，制订生态环境与其他景观保护的具体措施。

6.4.1　加强法律法规建设

当地各级政府和公园主管部门联合，以地质公园总体规划修编为依据，重新制定《广西乐业—凤山世界地质公园地质景观与环境保护管理条例》，并报广西壮族自治区各级人民政府及各级相关部门，如文化旅游局、自然资源局、环保局和公安局等部门备案和批准，使对景区地质景观和环境的保护，及对本地人和游人不良行为的处罚等有法可依和依法处理。

6.4.2　实施生态保护工程

加强景区的植树造林建设，做好人工造林和封山育林。推进植被保护工程，全面实施退耕还林工程；依法严格保护景区内的一草一木，严禁乱砍滥伐。建立动态监测档案，对自然环境和地质景观等进行重点保护，制定特殊保护措施，实施科学、有效的保护。加强对森林病虫害的防治，对病虫害应严密监测，积极进行治理，确保植被健康。加强水体保护工程，对可能污染景区水体环境的各类活动，明令禁止。

6.4.3　建立监测预防机制

聘请专业工程地质人员对各绝壁、坑壁的危石、危岩进行全面地质勘查和危害分级评估，设计出不同地段、不同类型、不同危险级别危石、危岩排除和加固的施工方案；建立健全的监测、监控制度，一经发现异常，立即上报，并实施已制定的预防机制；积极聘请相关地质专家、生态专家等来会诊，以便制定或采取相应措施应对地质、生态环境的变化。

6.4.4　建立完善的防火工程体系

建立消防管理机构，成立消防小组，强化研究区消防监督管理，实行消防责任制，落实责任，加强火源管理，杜绝火灾隐患。高度重视森林生态系统保护和管理，建立护林防火指挥部、专职消防队、巡山队、义务灭火队和保护站，配置先进完善消防设备。根据森林消防规范科学设置瞭望塔、防火道、通信、道路、巡逻、检查、防火站等。

6.5　生物多样性与物种保护

研究区岩溶生态环境脆弱，面临着较大的自然和人为威胁，给研究区地质公园的管理带来了挑战。研究区内现有的植物、动物物种丰富，具有较强的地带性，是世界地质公园宝贵的生物资源，在对地质公园特殊地质景观进行保护的同时，应加强生物多样性的保护。保护措施建议有如下几点。

（1）加强保护园区内现有的破碎化森林，为促进森林的恢复提供种植资源。

（2）对天坑、洞穴等景观进行保护的同时，关注天坑森林和洞穴植物的保护，对乐业石蝴蝶等小居群进行监测。

（3）在开展必要的建设工程前，进一步查明是否存在需要特殊保护的群落或物种，对一些珍稀濒危和特有种进行生境保护，如果确有必要开展工程建设的区域，应对相应物种进行迁地保护。

（4）兰科植物是本园区重要的生物资源，应严格禁止贩卖野生兰科植物。同时，加强具有观赏价值兰科植物群落的培养，增强园区的生物景观。

（5）根据本次调查和研究的基础资料，编制研究区生物多样性保护区划，落实园区的生物多样性监测和保护工作。

6.6　本章小结

本章结合研究区的特点和特色，在生态风险等级评价结果的基础上，从旅游规划开发的角度，对研究区地质遗迹资源分布、地质遗迹保护进行对比分析，提出研究区旅游总体规划的方案和相关措施，主要形成了以下几个结论。

（1）在研究区生态风险等级分布特征的基础上，与原规划地质遗迹景观资源分布、原地质遗迹景观保护分级分区规划进行衔接和对比分析，结果显示，研究区主要的地质遗迹景观资源基本分布在低和较低生态风险区范围内；特级、一级保护区与低、较低生态风险区对应，说明重点地质遗迹保护区现状生态环境良好、生态风险层级较低。未来旅游规划、道路规划和相关建设项目选址等要注意根据叠加分析结果进行有效地规避，以保护该区域的生态环境。

（2）基于生态风险评价结果和多项保护规划衔接对比分析，结合科普教育、社区发展和旅游活动的需求，提出"两核两轴，八景多区"的旅游规划总体布局，并对各个分区进行功能定位和规划设计；最后提出对生态环境、地质遗迹景观和生物多样性的保护措施。

第 7 章　结论与展望

7.1　主要研究结论

本研究以广西西南部乐业—凤山世界地质公园为例，综合运用景观生态学、地球信息科学和可持续发展等基础理论，基于遥感和 GIS 信息数据，分析了地质公园地质景观现状、特点，对景观格局的演变情况及影响因素进行研究，并利用景观格局指数构建了生态风险评价模型，对地质公园生态风险情况进行评价分析。同时，基于生态风险评价的结果，对地质公园的旅游规划开发提出对策和环境保护的措施，主要研究结论有如下几点。

（1）首先，在对研究区遥感影像光谱特征、纹理特征进行分析的基础上，选取归一化植被指数（NDVI）、归一化差异水体指数（NDWI）和土壤调整指标指数（SAVI）作为遥感影像分类的特征向量，以提高影像的分类精度。其次，采用 SVM 分类方法，在 Matlab 平台下对研究区 3 期遥感影像进行土地利用覆被信息提取。最后，采用 Kappa 系数、制图精度和用户精度对分类结果进行评价。结果表明，分类结果 Kappa 系数均在 0.8 以上，满足本研究的应用需要。

（2）选取 Shannon 多样性指数（SHDI）、Shannon 均匀度指数（SHEI）、景观连通度指数（CONNECT）、内聚力指数（COHESION）、景观蔓延度（CONTAG）、斑块聚合度指数（AI）、斑块形状指数（LSI）、分维数（FRAC）等景观格局指数，从景观整体的多样性、联动性、形状复杂性和聚散性 4 个角度对地质公园景观整体水平格局变化进行分析，优势景观支配态势未发生改变，建设用地和其他人为因素影响得到科学管控，景观整体均衡性和连通性得到保障，较好地维持地质公园的原生性和完整性。在景观类型尺度上，河流水面、水库水面和水域的景观指数变化较为活跃，2010—2020年在地质公园科学规划和保护下，林地、水域、草地等破碎化程度降低，农用地、建制镇和村庄用地、水工建筑等在经济社会发展的推动下，斑块数量和密度增加，对地质公园整体景观破碎化村庄存在一定程度的影响。

（3）基于2010、2015、2020年3期遥感影像数据，选取景观破碎度指数、分离度指数、优势度指数、脆弱度指数，构建地质公园生态风险评价模型对地质公园生态风险时空变化特征和生态风险评价，具体采用0.6km×0.6km的正方形网格对地质公园范围内进行空间网格化采样，共采集2799个单元作为生态风险评价空间插值分析的样本。根据计算结果，利用自然断点法将研究区景观生态风险指数（ERI）划分为5个等级：低生态风险（ERI≤0.8610），较低生态风险（0.8610＜ERI≤1.018），中生态风险（1.018＜ERI≤1.2520），较高生态风险（1.252＜ERI≤1.644），高生态风险（ERI＞1.644）。研究结果发现：2020年较2010年生态风险指数评价值总体呈现上升态势；10年间，生态风险指数的最小值先上升后下降，最大值呈上升趋势。2010—2020年研究区景观生态风险结构以低风险和较低风险区域为主，占研究区总面积的64%～66%；地质公园的生态风险由高等级向低等级转变，生态风险区域较为稳定。高和较高等级的生态风险区分布主要集中在研究区的中部大部和西北部，低、较低生态风险区主要研究区北部、南部等区域。数据显示，高风险区域的人为干扰在逐渐增强，主要体现在建设用地和农用地的需求增加，对生态环境的影响作用增强，提升了整体生态风险指数的上限值。

（4）利用人工筛选的方法，以平均农用地、平均林地、平均建设用地、平均水域/水体、平均其他用地作为特征参数。同时，选取网格化采样点作为训练样本，构建 SVM 模型对评价模型的评价结果进行判断和预测精度。结果显示，整体精确度达到 97.78%，说明构建的评价模型具有较高的精确度，具备良好的泛化能力。

（5）基于生态风险评价结果，应用到旅游规划当中，提出"两核两轴，八景多区"的旅游规划总体布局，并对各个分区进行功能定位和规划设计。最后提出对生态环境、地质遗迹景观和生物多样性的保护措施，为今后地质公园旅游规划开发提供科学有效的理论指导和技术方法应用实证案例。

7.2　研究不足与展望

限于时间和研究水平，本文还存在诸多不足。存在的主要问题及未来研究展望如下。

（1）在研究方法上，运用 GIS 对研究区进行格网单元划分，不可避免地会对整体性和连续性的景观斑块进行隔断分离，造成形状和大小的改变，容易影响计算结果与实际值的准确性。同时，本研究假定格网单元内部的各类信息数据和生境是均质平衡的，但在实际研究过程中忽略了地理环境边界产生的影响、边缘区域网格单元内容的缺失，这也会导致对整体生态风险评价结果产生误差。因此，如何更为精确地进行网格单元大小划分和设定，有效处理边界网格单元信息缺失等问题，降低由于格网单元的划分带来的误差，需要进一步研究深入。

（2）本论文采用 SVM 法对景观生态风险评价模型进行检测和验证，由于涉及多分类的问题，需要进一步参考或比对结合其他算法的特点或者优势，综合分析该方法的优劣，还需进一步深入研究。

（3）本研究构建了景观生态风险评价模型，在模型计算当中发现，评价结果受到其他多种因素的影响，从而使区域的生态风险评价结果可能具有一定的片面性。未来将进一步深化对多种因素影响下区域景观生态风险评价的研究。

参考文献

［1］Farina A. Principles and Methods in Landscape Ecology: Toward a Science of Landscape[M]. Berlin: Springer Netherlands, 2006.

［2］Asa O, Sundli T M, Gary F. Advantages of Using Different Data Sources in Assessment of Landscape Change and its Effect on Visual Scale[J]. Ecological Indicators, 2010, 10(1): 24-31.

［3］Bengio Y, Courville A, Vincent P. Representation Learning: A Review and New Perspectives[J]. IEEE Transactions on Pattern Analysis and Machine Intelligence, 2013, 35(8): 1798-1828.

［4］Bhatia A K. International Tourism Management[M]. New York: Sterling Publishers, 2006.

［5］Fassoulas C. Quantitative Assessment of Geotopes as an Effective Tool for Geoheritage Management [J]. Geoheritage, 2012, 4(3):177-193.

［6］Brilha J. Inventory and Quantitative Assessment of Geosites and Geodiversity Sites: a Review[J]. Geoheritage, 2016, 8(2):119-134.

［7］Bouchard A，Domon G. The transformations of the natural landscapes of the Haut-Saint-Laurent (Québec) and their implications on future resource management[J]. Landscape and Urban Planning，1997，37 (1-2):99-107.

［8］Bunkei M, Xu Ming, Takehiko F. Characterizing The Changes in Landscape Structure in The Lake Kasumigaura Basin, Japan Using a High-Quality GIS Dataset[J]. Landscape and Urban Planning，2006，78(3):241-250.

［9］Bai Junhong, Ouyang Hua, Cui Baoshana, et al. Changes in landscape pattern of alpine wetlands on the Zoige Plateau in the past four decades[J]. Acta Ecologica Sinica，2008，28(5):2245-2252.

［10］Chiclana F, Herrera F, Herrera Viedma E. Integrating Three Representation Models in Fuzzy Multipurpose Decision Making Based on Fuzzy Preference Relations[J]. Fuzzy Sets and Systems，1998，97(1):33-48.

［11］Richardson D, Castree N. International Encyclopedia of Geography：People, the Earth, Environment and Technology[J]. Wiley-Blackwell, 2017.

［12］Clark K C，Gaydos L J，Hoppen S. A self-modifying cellular automaton model of historical urbanization in the San Francisco Bay area[J]. Environment and Planning B：Planning and Design，1997, 24(2):247-261.

［13］Cortes C, Vapnik V. Support-vector Networks[J]. Machine Learning，1995, 20(3):273-297.

［14］Daiyuan Pan, Domon G, Blois S d, et al. Temporal (1958-1993) and Spatial Patterns of Land Use Changes in Haut-Saint-Laurent(Quebec，Canada) and Their Relation to Landscape Physical Attributes[J]. Landscape Ecology, 1999, 14(1): 35-52.

［15］Zarin D J, Pereira V F G, Raffles H, et cal. Landscape change in Tidal Floodplains near The Mouth of The Amazon River[J]. Forest Ecology and Managemen, 2001, 154(3):383-393.

［16］Li Deng, Dong Yu. Deep Learning：Methods and Applications[J]. Foundations and Trends in Signal Processing, 2014, 7(3):197-387.

［17］Holly M. Donohoe and Roger D. Needham. Ecotourism: The Evolving Contemporary Definition[J]. Journal of Ecotourism, 2006, 5(3):192-210.

［18］Ross K. Dowling. Geotourism's Global Growth[J]. Geoheritage, 2011, 3:1–13.

［19］Eder W. "Unescogeoparks" -A New Initiative for Protectionand and Sustainable Development of The Earth's Heritages[J]. Neues Jahrbuch für Geologie und Paläontologie-Abhandlungen. 1999, 214(1):353-358.

［20］Ellis E C, Neerchal N, Peng K, et al. Estimating Long-Term Changes in China's Village Landscapes[J]. Ecosystems, 2009, 12(2):279-297.

［21］Farina M C. Principles and methods in landscape ecology[J]. Landscape ecology，1998, 23(4):103-170.

［22］Farrell B, Twining-Ward L. Seven Steps Towards Sustainability: Tourism in The Context of New Knowledge[J]. Journal of Sustainable Tourism, 2005, 13(2):109-122.

［23］Forman R T T. Land Mosaics: The Ecology of Landscapes and Regions[M]. Cambridge: Cambrige University press, 1995.

［24］Forman R T T, M Godron. Patches and structural components for a landscape ecology[J]. Bioscience，1981, 31(10):733-740.

［25］Hietel E, Waldhardt R, Otte A. Linking Socio-Economic Factors, Environment and Land Cover in The German Highlands, 1945-1999[J]. Journal of Environmental Management, 2005, 75(2):133-143.

［26］Iverson L R, Graham R L, Cook E A. Applications of satellite remote sensing to forested ecosystems[J]. Landscape Ecology, 1989,3(2):131-143.

［27］Faber J H, Wensem J v. Elaborations on the use of the ecosystem services concept for application in ecological risk assessment for soils[J].Science of the Total Environment，2012, (415):3-8.

［28］Ni J R, Xue A. Application of artificial neural network to the rapid feedback of potential ecological risk in flood diversion zone[J]. Engineering Applications of Artificial Intelligence，2003, 16(2):105-119.

［29］Johnson L B. Analyzing Spatial and Temporal Phenomena using geographic information system[J]. Landscape Ecology, 1990, 4: 31-43.

［30］Iventory J B. Quantitative Assessment of Geosites and Geodiversity Sites; A Review[J]. Geoheritage, 2016, 8:119-134.

［31］Justice C O, Townshend J R G, Kalb V L. Representationf of Vegetation by Continental Data Sets Derived from NOAA-AVHRR Data[J]. International Journal of Remote Sensing, 1991, 12(5):999-1021.

［32］Tubb K N. An Evaluation of The Effectiveness of Interpretation Within Dartmoornational Park in Reaching The Goals of Sustainable Tourism Development[J]. Journal of Sustainable Tourism, 2003, 11(6):476-498.

［33］Fukamachi K, Oku H, Nakashizuka T. The Change of A Satoyama Landscape and Its Causality in Kamiseya, Kyoto Prefecture, Japan Between 1970 and 1995[J]. Landscape Ecology, 2001, 16: 703-717.

［34］Lecun Y, Bengio Y，Hinton G. Deep Learning[J]. Nature, 2015, 521: 436-444.

［35］Olsen L M, Dale V H, Foster T. Landscape Patterns as Indicators of Ecological Change at Fort Benning，Georgia，USA[J]. Landscape and Urban Planning, 2007, 79(2):137-149.

［36］Antrop M. Landscape Change and The Urbanization Process in Europe[J]. Landscape and Urban Planning, 2004, 67(1-4):9-26.

［37］McKeever P J, Zouros N. Geoparks: Celebrating Earth Heritage, Sustaining Local Communities[J]. Episodes, 2005, 28(4):274-278.

［38］Mcmenamin M A S, Dianna L. The Emergence of Animals The Cambrian Breakthrough[M]. New York: Columbia University Press. 1990.

［39］Henriques M H, Reis RP. Geoconservation as an emerging geoscience[J]. Geoheritage，2011, 3:117-128.

［40］Sha M, Tian G. An Analysis of Spatiotemporal Changes of Urban Landscape Pattern in Phoenix Metropolitan Region[J]. Procedia Environmental Sciences, 2010, (2):600-604.

［41］Park S, Çiğdem C. Hepcan S, et al. Influence of Urban form on LandScape Pattern and Connectivity in Metropolitan Regions: a Comparative Case Study of Phoenix, AZ, USA, and Izmir, Turkey［J］. Environmental Monitoring and Assessment, 2014, 186:6301–6318.

［42］Pickett S T A, Cadenasso M L. Landscape Ecology: Spatial Heterogeneity in Ecological Systems[J]. Journal of Science, 1995, 269(21):331-334.

［43］Ólafsdóttir R, Dowling R. Geotourism and Geoparks—A Tool for Geoconservation and Rural Development in Vulnerable Environments: A Case Study from Iceland[J]. Geoheritage，2014., (6): 71–87.

［44］Ripple W J, Bradshaw G A, Spies T A. Measuring Forest Landscape Pattems in The Cascade Range of Oregon, USA[J]. Biological Conservation, 1991, 57:73-88.

［45］Schneider D C. The rise of the concept of scale in ecology[J]. BioScience，2001 (51):545-553.

［46］Paudel S, Fei Yuan. Assessing Landscape Changes and Dynamics Using Patch Analysis and GIS Modeling[J]. International Journal of Applied Earth Observation and Geoinformation，2012, (16):66-76.

［47］OlsenLM，Virginia H. Dale，Thomas Foster. Landscape patterns as indicators of ecological change at Fort Benning，Georgia，USA[J]. Landscape and Urban Planning, 2007, 79(2):137-149.

［48］Tucker C J, Townshend J R, Goff T E. Afican Land-Cover Classification using Satellite

Data[J]. Science. 1985, 25(227):369-375.

[49] Turner M G, Gardner R H. Quantitative Methods in Landscape Ecology[M]. New York: Springer press, 1991.

[50] Turner M G. Landscape Ecology: The Effect of Pattern on Process[J]. Annual Review of Ecology and Systematics, 1989, 20(6):171-197.

[51] Vapnik V N. An overview of statistical learning theory[J]. Neural Networks，IEEE Transactions on, 1999，10(5):988-999.

[52] Kirchhoff T, Trepl L, Vicenzotti V. What is Landscape Ecology? An Analysis and Evaluation of Six Different Conceptions. Landscape Research[R], 2013, 38(1):33-51.

[53] Xiao H, Smith S L J. The Use of Tourism Knowledge: Research Propositions[J]. Annals of Tourism Research, 2007, 34(2):310-331.

[54] 保继刚,楚义芳.旅游地理学：修订版[M].北京：高等教育出版社,1999.

[55] 保继刚.旅游资源定量评价初探[J].干旱区地理，1988(03):60-63.

[56] 曹迎,周波,任茜,等.基于CA模型的内江城市景观格局动态演变研究[J].地域研究与开发,2009,28(05):73-76.

[57] 曾辉,邵楠,郭庆华.珠江三角洲东部常平地区景观异质性研究[J].地理学报,1999(03):65-72.

[58] 曾加芹,欧阳华,牛树奎,等.1985年~2000年西藏地区景观格局变化及影响因子分析[J].干旱区资源与环境,2008(01):137-143.

[59] 查方勇,郭威,周义,等.陕西岚皋南宫山国家地质公园地质遗迹资源及评价研究[J].干旱区资源与环境,2015,29(12):222-226.

[60] 陈爱莲,孙然好,陈利顶.传统景观格局指数在城市热岛效应评价中的适用性[J].应用生态学报,2012,23(08):2077-2086.

[61] 陈安泽.旅游地学大辞典[M].北京：科学出版社,2013.

[62] 陈安泽.中国国家地质公园建设的若干问题[J].资源·产业,2003(01):57-63.

[63] 陈金林,黄鸿.青海省坎布拉国家地质公园景观资源评价及可持续发展策略[J].安徽农业科学,2018,46(34):42-45+59.

[64] 陈鹏,潘晓玲.干旱区内陆流域区域景观生态风险分析：以阜康三工河流域为例[J].生态学杂志,2003(04):116-120.

［65］陈英玉,龚明权,张自森.青海省互助北山国家地质公园地质遗迹及其综合评价[J].地球学报,2009,30(03):339-344.

［66］陈芝聪,谢小平,白毛伟.南四湖湿地景观空间格局动态演变[J].应用生态学报,2016,27(10):3316-3324.

［67］程刚,张祖陆,吕建树.基于CA-Markov模型的三川流域景观格局分析及动态预测[J].生态学杂志,2013,32(04):999-1005.

［68］仇恒佳,卞新民.环太湖景观生态格局变化研究:以苏州市吴中区为例[J].长江流域资源与环境,2006(01):81-85.

［69］邓乃扬,田英杰.数据挖掘中的新方法:支持向量机[M].北京:科学出版社,2004.

［70］邓亚东,罗书文,史文强,等.基于乡镇区划的地质遗迹资源综合价值评价:以盐津县为例[J].中国岩溶,2018,37(06):932-939.

［71］方世明,李江风,赵来时.地质遗迹资源评价指标体系[J].地球科学(中国地质大学学报),2008(02):285-288.

［72］付顺,陈晓琴,阚瑷珂.大巴山国家地质公园地质遗迹景观类型及评价[J].地质调查与研究,2011,34(02):139-145.

［73］高宾,李小玉,李志刚,等.基于景观格局的锦州湾沿海经济开发区生态风险分析[J].生态学报,2011,31(12):3441-3450.

［74］高凯,周志翔,杨玉萍,等.基于Ripley K函数的武汉市景观格局特征及其变化[J].应用生态学报,2010,21(10):2621-2626.

［75］郭少壮,白红英,孟清,等.1980—2015年秦岭地区景观格局变化及其对人为干扰的响应[J].应用生态学报,2018,29(12):4080-4088.

［76］韩晋芳,武法东,田明中,等.黄山世界地质公园资源保护及可持续发展对策[J].中国人口·资源与环境,2016,26(S2):292-295.

［77］郝俊卿,吴成基,陶盈科.地质遗迹资源的保护与利用评价:以洛川黄土地质遗迹为例[J].山地学报,2004(01):7-11.

［78］何东进.武夷山风景名胜区景观格局动态及其环境分析[D].黑龙江:东北林业大学,2004.

［79］何桐,谢健,徐映雪,等.鸭绿江口滨海湿地景观格局动态演变分析[J].中山大学学报(自然科学版),2009,48(02):113-118.

[80] 胡和兵,刘红玉,郝敬锋,等.流域景观结构的城市化影响与生态风险评价[J].生态学报,2011,31(12):3432-3440.

[81] 胡昕利,易扬,康宏樟,等.近25年长江中游地区土地利用时空变化格局与驱动因素[J].生态学报,2019,39(06):1877-1886.

[82] 黄群,姜加虎,赖锡军,等.洞庭湖湿地景观格局变化以及三峡工程蓄水对其影响[J].长江流域资源与环境,2013,22(07):922-927.

[83] 黄先明,赵源.基于景观格局的金口河区土地系统脆弱性分析[J].安徽农业科学,2015,43(09):183-184+205.

[84] 贾真真,罗时琴,毛永琴.基于多层次灰色方法的贵州黔东南苗岭国家地质公园开发潜力评价研究[J].贵州科学,2015,33(05):85-90.

[85] 蒋超亮,吴玲,安静.1998—2016年古尔班通古特沙漠南缘景观格局变化及驱动力[J].生态学杂志,2018,37(12):3729-3735.

[86] 李翠林,孙宝生.新疆奇台硅化木—恐龙国家地质公园地质遗迹景观评价及整合开发[J].地球学报,2011,32(02):233-240.

[87] 李京森,康宏达.中国旅游地质资源分类、分区与编图[J].第四纪研究,1999(03):246-253.

[88] 李秀珍,布仁仓,常禹,等.景观格局指标对不同景观格局的反应[J].生态学报,2004(01):123-134.

[89] 李一飞.地质公园旅游环境容量规划及其实证研究[D].北京:中国地质大学,2009.

[90] 李月辉,胡远满,常禹,等.大兴安岭呼中林业局森林景观格局变化及其驱动力[J].生态学报,2006(10):3347-3357.

[91] 李昭阳,张楠,汤洁,等.吉林省煤矿区景观生态风险分析[J].吉林大学学报(地球科学版),2011,41(01):207-214.

[92] 刘明,王克林.洞庭湖流域中上游地区景观格局变化及其驱动力[J].应用生态学报,2008(06):1317-1324.

[93] 刘盼盼,肖华,陈浒.毕节市撒拉溪示范区石漠化治理景观格局的时空演变特征[J].西南农业学报,2020,33(10):2316-2324.

[94] 刘铁冬.四川省杂谷脑河流域景观格局与生态脆弱性评价研究[D].黑龙江:东北林业大学,2011.

［95］刘昕,国庆喜.基于移动窗口法的中国东北地区景观格局[J].应用生态学报,2009,20(06):1415-1422.

［96］刘勇,吴次芳,岳文泽,等.土地整理项目区的景观格局及其生态效应[J].生态学报,2008(05):2261-2269.

［97］卢晓宁,黄玥,洪佳,等.基于Landsat的黄河三角洲湿地景观时空格局演变[J].中国环境科学,2018,38(11):4314-4324.

［98］卢云亭.现代旅游地理学[M].南京:江苏人民出版社,1988.

［99］潘竟虎,文岩.基于RUSLE-SMA的黄土丘陵沟壑区土壤侵蚀评价及景观格局分析:以庆城县蔡家庙流域为例[J].生态学杂志,2013,32(02):436-444.

［100］阙晨曦,池梦薇,陈铸,等.福州国家森林公园景观格局变迁及驱动力分析[J].西北林学院学报,2017,32(06):169-177.

［101］任凯珍,黄来源,季为.北京市十渡国家地质公园地质遗迹评价方法及应用[J].城市地质,2012,7(03):56-63.

［102］荣子容,马安青,王志凯,等.基于Logistic的辽河口湿地景观格局变化驱动力分析[J].环境科学与技术,2012,35(06):193-198.

［103］申燕萍.区域地质旅游资源的评价方法[J].南阳师范学院学报,2005,4(12):68-71.

［104］石浩朋,于开芹,冯永军.基于景观结构的城乡结合部生态风险分析:以泰安市岱岳区为例[J].应用生态学报,2013,24(03):705-712.

［105］苏海民,何爱霞.基于RS和地统计学的福州市土地利用分析[J].自然资源学报,2010,25(01):91-99.

［106］孙才志,闫晓露.基于GIS-Logistic耦合模型的下辽河平原景观格局变化驱动机制分析[J].生态学报,2014,34(24):7280-7292.

［107］孙永萍,张峰.南宁市青秀山风景区景观格局动态研究[J].生态科学,2007(01):30-35.

［108］谈娟娟,董增川,付晓花,等.流域景观生态健康演变及其驱动因子贡献分析[J].河海大学学报(自然科学版),2015,43(02):107-113.

［109］唐勇,刘妍,刘娜.光雾山国家地质公园地质环境敏感度评价[J].地球科学与环境学报,2008(01):97-100.

［110］田庆久,郑兰芬,童庆禧.基于遥感影像的大气辐射校正和反射率反演方法[J].应用

气象学报,1998(04):77-82.

[111] 王娟,崔保山,刘杰,等.云南澜沧江流域土地利用及其变化对景观生态风险的影响[J].环境科学学报,2008(02):269-277.

[112] 王鹏华.社区参与在保护行动规划（CAP）中的作用[D].昆明：昆明理工大学,2013.

[113] 王思琢.地质遗迹保护与功能分区初探[D].北京：中国地质大学,2011.

[114] 王仰麟.景观生态系统及其要素的理论分析[J].人文地理,1997(01):5-9.

[115] 邬建国.景观生态学：概念与理论[J].生态学杂志,2000(01):42-52.

[116] 邬建国.景观生态学—格局、过程、尺度与等级[M].北京：高等教育出版社,2000.

[117] 邬建国.景观生态学—格局、过程、尺度与等级：第二版[M].北京：高等教育出版社,2007.

[118] 巫丽芸.区域景观生态风险评价及生态风险管理研究[D].福州：福建师范大学,2004.

[119] 吴健生,乔娜,彭建,等.露天矿区景观生态风险空间分异[J].生态学报,2013,33(12):3816-3824.

[120] 武红梅,武法东.河北迁安—迁西国家地质公园地质遗迹资源类型划分及评价[J].地球学报,2011,32(05):632-640.

[121] 肖笃宁,李秀珍,高俊,等.景观生态学：第二版[M].北京：科学出版社,2010.

[122] 肖笃宁,赵羿,孙中伟,等.沈阳西郊景观格局变化的研究[J].应用生态学报,1990(01):75-84.

[123] 肖笃宁.金骨干生态学的发展及展望[J].地理科学,1997,17（4）:356-364.

[124] 肖景义,曹广超,侯光良.青藏高原地质公园生态旅游产品开发研究：以坎布拉国家地质公园为例[J].地球学报,2011,32(02):225-232.

[125] 谢花林.基于景观结构和空间统计学的区域生态风险分析[J].生态学报,2008(10):5020-5026.

[126] 徐济德.西藏林芝景观生态评价与规划研究[D].黑龙江：东北林业大学,2005.

[127] 阳文锐,王如松,黄锦楼,等.生态风险评价及研究进展[J].应用生态学报,2007(08):1869-1876.

［128］杨更,龚自仙.地质公园可持续发展模式探讨[C]//.中国地质学会旅游地学与地质公园研究分会第28届年会暨贵州织金洞国家地质公园建设与旅游发展研讨会论文集,2013:170-173.

［129］杨国靖,肖笃宁,周立华.祁连山区森林景观格局对水文生态效应的影响[J].水科学进展,2004(04):489-494.

［130］杨钦,胡鹏,王建华,等.1980—2018年扎龙湿地及乌裕尔河流域景观格局演变及其响应[J].水生态学杂志,2020,41(05):77-88.

［131］于兴修,杨桂山.典型流域土地利用/覆被变化及对水质的影响:以太湖上游浙江西苕溪流域为例[J].长江流域资源与环境,2003(03):211-217.

［132］于延龙,武法东,王彦洁,等.利于可持续发展的中国敦煌地质公园地质遗迹分级与保护[J].中国人口·资源与环境,2016,26(S2):300-303.

［133］俞孔坚.论景观概念及其研究的发展[J].北京林业大学学报,1987(04):433-439.

［134］张国庆,田明中,刘斯文,等.地质遗迹资源调查以及评价方法[J].山地学报,2009,27(03):361-366.

［135］张金茜,巩杰,马学成,等.基于GeoDA的甘肃白龙江流域景观破碎化空间关联性[J].生态学杂志,2018,37(05):1476-1483.

［136］张晓瑞,张飞舟.快速城市化影响下超大型城市景观生态格局演变特征分析[J].中国农业大学学报,2019,24(04):157-166.

［137］张绪良,张朝晖,徐宗军,等.莱州湾南岸滨海湿地的景观格局变化及累积环境效应[J].生态学杂志,2009,28(12):2437-2443.

［138］张学斌,石培基,罗君,等.基于景观格局的干旱内陆河流域生态风险分析:以石羊河流域为例[J].自然资源学报,2014,29(03):410-419.

［139］张阳.山西永和黄河蛇曲地质公园旅游环境容量分析[J].西安石油大学学报(社会科学版),2015,24(04):54-58.

［140］张莹,雷国平,林佳,等.扎龙自然保护区不同空间尺度景观格局时空变化及其生态风险[J].生态学杂志,2012,31(05):1250-1256.

［141］张兆苓,刘世梁,赵清贺,等.道路网络对景观生态风险的影响:以云南省红河流域为例[J].生态学杂志,2010,29(11):2223-2228.

［142］赵霏,郭逍宇,赵文吉,等.城市河岸带土地利用和景观格局变化的生态环境效应研

究：以北京市典型再生水补水河流河岸带为例[J].湿地科学,2013,11(01):100-107.

[143] 赵汀,赵逊.地质遗迹分类学及其应用[J].地球学报,2009,30(03):309-324.

[144] 赵逊,赵汀.中国地质公园地质背景浅析和世界地质公园建设[J].地质通报,2003(08):620-630.

[145] 赵英时.遥感应用分析原理与方法[M].北京：科学出版社,2003.

[146] 周志华.机器学习[M].北京：清华大学出版社,2016.

[147] 祖拜代·木依布拉,夏建新,普拉提·莫合塔尔,等.克里雅河中游土地利用/覆被与景观格局变化研究[J].生态学报,2019,39(07):2322-2330.